群智能优化算法及机械优化应用

陈东宁　著

燕山大学出版社

·秦皇岛·

图书在版编目(CIP)数据

群智能优化算法及机械优化应用/陈东宁著.
秦皇岛:燕山大学出版社,2024.6 --ISBN 978-7
-5761-0697-8
Ⅰ. TH122-39
中国国家版本馆 CIP 数据核字第 2024JX4442 号

群智能优化算法及机械优化应用
QUNZHINENG YOUHUA SUANFA JI JIXIE YOUHUA YINGYONG

陈东宁 著

出 版 人:陈　玉	
责任编辑:孙志强	**策划编辑**:吴　波
责任印制:吴　波	**封面设计**:刘韦希
出版发行:燕山大学出版社	**电　　话**:0335-8387555
地　　址:河北省秦皇岛市河北大街西段 438 号	**邮政编码**:066004
印　　刷:涿州市般润文化传播有限公司	**经　　销**:全国新华书店

开　　本:710 mm×1000 mm　1/16	**印　　张**:12.75
版　　次:2024 年 6 月第 1 版	**印　　次**:2024 年 6 月第 1 次印刷
书　　号:ISBN 978-7-5761-0697-8	**字　　数**:220 千字
定　　价:55.00 元	

前　言

优化问题在国民生产的各个领域均有涉及。群智能算法是一种模拟生物群体智能行为的自然计算技术，可作为各生产领域优化问题的求解算法。如何能更加真实地模拟生物群体行为，并解决复杂优化问题，是群智能算法领域研究的重要问题。

计算机运算速度的提高，给优化算法的大型化、精细化提供了更好的软硬件载体，而随着优化问题的高维度化、高复杂化和非线性化，群智能算法更是拥有着传统优化算法所不具有的优势，因此关于群智能算法优化的研究将持续进行并不断提升。

本书结合作者在机械优化领域的研究经验，在介绍了优化的定义、分类、评价准则等相关理论基础上，总结出智能优化方法创新的策略，并提出各种改进的群智能优化算法，为群智能创新方法的提出、改进提供了指引。

本书探讨了群智能优化算法在机械工程领域的应用算例，给出了轧制规程优化、液压控制参数优化、旋转机械故障诊断、液压阀块车间调度优化、系统可靠性优化、机械设计优化等机械领域工程问题优化实例，希望对业界提高机械优化设计水平提供帮助。

本书由燕山大学陈东宁副教授著述完成。本书的完成离不开研究生团队的共同努力，参与本书相关项目的研究生有王浩文、鲜青桂。本书相关研究得到了国家自然科学基金（51975508）的资助。在此一并表示衷心感谢。

党的二十大报告指出,“全面贯彻党的教育方针,落实立德树人根本任务”“深化教育领域综合改革,加强教材建设和管理”。为贯彻二十大精神,笔者撰写了本书。

本书可作为本科生及研究生的教材使用,提供群智能优化算法的理论基础和多种改进策略,指导各类机械优化目标函数的建立与求解,可为新工科背景下本科生和研究生教育的工程能力和创新思维能力的提升提供帮助。由于作者水平有限,书中难免有疏漏和不足之处,敬请读者批评指正。

目　　录

第1章 绪 论

本章首先介绍优化的定义,总结优化的分类,按类别列举出一些优化算法的提出者、文献和模拟对象。总结优化算法分析与评价的各种方法。阐述改进群智能优化算法的各种策略,为算法性能提升提供研究思路。

1.1 优化的定义及分类

1.1.1 优化的定义

优化是指在满足一定条件下,在众多方案中或者参数中选出最优方案或者参数值,以使得某个或者多个功能指标达到最优。

优化问题的三个基本要素为:决策变量、目标函数和约束条件。决策变量是由数学模型的解确定的未知数。为了得到最优解,需要对决策变量进行调整和优化,以满足目标函数和约束条件的要求。目标函数是需要最小化或最大化的函数。目标函数分为单目标函数、多目标函数。顾名思义,单目标函数是指优化目标只有一个。多目标优化是指优化目标有多个,需要兼顾多个目标的优化结果,可以通过设置权重的方法平衡多个目标。约束条件是指在优化数学模型中需要满足的条件。在实际应用中,约束条件通常包括等式约束和不等式约束。可利用罚函数法将有约束优化问题转化成无约束优化问题,这样更有利于优化算法的寻优。

1.1.2 优化的分类

优化问题可分为连续优化、离散优化。其中,连续优化的求解是指在连续数学空间中寻找最优解的过程。这类问题的自变量可以取连续的数值,如实数。连续优化问题通常涉及对连续函数的优化,例如最小化连续函数的值或最大化连续函数的值。连续求解通常使用数学分析、微积分和数值计算技术,例如梯度下降法、牛顿法等。离散优化的求解是指在离散空间中寻找最优解的过程,如选择最佳路径、装载问题、组合优化等。这类问题的自变量只能取离散的数值,如整数或布尔值。

连续求解和离散求解的区别主要体现在问题的性质和求解方法上。连续求解问题通常是对连续函数进行优化,求解方法多涉及微积分和数值计算。离散求解问题通常是在离散的解空间中搜索最优解,求解方法多涉及组合优化和动态规划。此外,连续求解通常对应着大规模、高维度的问题,而离散求解通常对应着问题的组合和排列等结构性质。

优化算法有很多种分类,每一类型的算法的理念和策略不同,导致每一个算法的性能不同。

传统优化方法多为基于梯度下降的方法,如单纯形法、牛顿法、拟牛顿法等。传统算法的特点是求解速度快,缺点是具有初值敏感性,初值选取不当,会导致算法陷入局部极小值。

随着科学技术的进步,实际的问题越来越复杂。传统的优化算法已经无法适应现在的需求。例如:

(1) 搜索空间庞大:许多实际问题的解空间庞大,而且可能是非线性、多模态或存在约束条件。传统的优化算法在搜索庞大空间时可能会受到效率和效果的限制。

(2) 复杂度高:对于某些非常困难的计算问题,意味着找到最优解需要指数级时间复杂度。传统的精确算法在解决这些高复杂度问题时变得不可行。

(3) 不确定性:在实际问题中,往往存在不确定性的因素,例如测量误差、环境变化等。传统的优化算法常常难以应对这种不确定性,并容易陷入局部最优解。

(4) 多目标优化:许多实际问题往往涉及多个冲突的优化目标。传统的优化算法难以同时优化多个目标,因为它们依赖于单个评价函数或目标函数。

为了克服传统优化算法在处理复杂问题时的局限性,研究者们提出了启发式算法(Heuristic Algorithms)及元启发式算法(Meta-Heuristic Algorithms)。启发式算法及元启发式算法能够更好地适应问题的复杂性、搜索空间的庞大性和不确定性,从而寻找到满足优化目标的解。

启发式算法是一种求解问题的方法,它是基于经验和启发性规则来搜索和决策,以帮助人们在可以接受的时间内找到较好的解。启发式算法是一种近似求解方法,不能够保证找到问题的最优解,但通常能在可接受的时间内找到较优解,代表算法有模拟退火算法、禁忌搜索算法、爬山算法等。

元启发式算法相比于启发式算法,对优化模型本身结构要求不高,一般只考虑输入和输出,所以它具有更高的通用性,其主要思想是依靠多次的迭代搜索最优解。元启发式算法为了提高算法搜索的随机性,会添加随机因子,使得对于一个问题多次求解的结果存在差异性,从而更易跳出局部最优。元启发式算法需要加入贪婪算法去提高算法的寻优精度,从而可以找到最优解。元启发式算法并非完美无瑕,其中一些元启发式算法存在某些缺陷,影响了它们的效率和准确性。用于优化的元启发式算法最显著的缺点是其过早的收敛,这将搜索过程困在不希望的区域中。因此,有必要提高现有元启发式方法的效率,或者提出一种新的元启发式方法。此外,根据无免费午餐(No Free Lunch Theorem, NFL)定理[1],没有任何一种元启发式算法是可以解决所有优化问题的最佳方法。

1.1.3　智能优化算法的列举

智能优化算法种类繁多,可以说天上飞的、地上跑的、水里游的动物几乎都可被建模为优化算法。智能优化算法没有完全精确统一的定义和分类[2],本书总结出如下几种类型,包括:进化类、基于群的、基于物理和化学的、基于数学的和基于人类行为的。每一物种或者自然现象都有本身的优势,所以每一种算法的性能也会有很大不同,优化模拟的范围还在不断扩大。

进化类优化算法是最古老的元启发式算法,依据物竞天择、适者生存的原理,模仿自然界生物进化的过程。进化类智能优化算法如表 1-1 所示。

表 1-1　基于进化的智能优化算法

算法名称	算法英文名及缩写	第一作者及年份	模拟对象
遗传算法[3]	Genetic Algorithms, GA	John Henry Holland, 1992	遗传进化
差分进化算法[4]	Differential Evolution, DE	Rainer Storn, 1997	达尔文进化理论
协同纤维细胞优化[5]	Synergistic Fibroblast Optimization, SFO	T. T. Dhivyaprabha, 2018	纤维细胞在皮肤创面愈合过程中的作用
差分搜索算法[6]	Differential Search Algorithm, DSA	Pinar Civicioglu, 2012	超级有机体迁移
基于学习者表现的行为优化算法[7]	Learner Performance Based Behavior, LPB	Chnoor M. Rahman, 2021	一所大学各系学生的分布情况

群智能优化算法是智能优化算法中类型和应用最多的类别,主要模拟了自然界种群的各种行为,例如捕猎、觅食、求偶、阶级等行为,这里的种群可以是鸟群、狼群、蜂群、蚁群等。常见的群智能优化算法如表 1-2 所示。

表 1-2 群智能优化算法列举

算法名称	算法英文名及缩写	第一作者及年份	模拟对象
微粒群优化算法[8]	Particle Swarm Optimization, PSO	James Kennedy, 1995	鸟群觅食
灰狼优化算法[9]	Grey Wolf Optimizer, GWO	Seyedali Mirjalili, 2014	灰狼捕猎
鲸鱼优化算法[10]	Whale Optimization Algorithm, WOA	Seyedali Mirjalili, 2016	鲸鱼觅食
非洲秃鹫优化算法[11]	African Vultures Optimization Algorithm, AVOA	Benyamin Abdollahzadeh, 2021	非洲秃鹫的觅食和导航
人工大猩猩群优化算法[12]	Artificial Gorilla Troops Optimizer, GTO	Benyamin Abdollahzadeh, 2021	大猩猩群的生活行为
蜣螂优化[13]	Dung Beetle Optimizer, DBO	Jiankai Xue, 2022	蜣螂滚球、跳舞、觅食、偷窃和繁殖
金豺优化算法[14]	Golden Jackal Optimization, GJO	Nitish Chopra, 2022	金豺捕猎
蜘蛛蜂优化算法[15]	Spider Wasp Optimizer, SWO	Mohamed Abdel-Basset, 2023	蜘蛛蜂捕食

基于物理启发的优化算法是受到宇宙中发现的主要物理基本定律的启发而提出的。物理启发的智能优化算法列举如表 1-3 所示。

表 1-3 基于物理启发的智能优化算法

算法名称	算法英文名及缩写	第一作者及年份	模拟对象
引力搜索算法[16]	Gravitational Search Algorithm, GSA	Esmat Rashedi, 2009	牛顿引力与运动定律
水波优化算法[17]	Water Wave Optimization, WWO	Yujun Zheng, 2014	浅水波理论
黑洞算法[18]	Black Hole Algorithm, BHA	Abdolreza Hatamlou, 2013	黑洞理论
电磁场优化算法[19]	Electromagnetic Field Optimization, EFO	Hosein Abedinpour-shotorban, 2016	电磁场理论
多元宇宙优化算法[20]	Multi-Verse Optimizer, MVO	Seyedali Mirjalili, 2016	宇宙学：白洞、黑洞和虫洞

数学是科学之母,数学本身也可以作为优化算法的来源。基于数学的群智能优化算法如表 1-4 所示。

表 1-4 基于数学的智能优化算法

算法名称	算法英文名及缩写	第一作者及年份	模拟对象
正余弦算法[21]	Sine Cosine Algorithm, SCA	Seyedali Mirjalili, 2016	正弦、余弦
算术优化算法[22]	Arithmetic Optimization Algorithm, AOA	Abualigah Laith, 2021	加、减、乘、除

基于人类行为的优化算法,这类算法主要模拟了人类的行为、思维和社会现象。这类算法的数量远不及群智能优化算法和基于进化的优化算法,但人类是世界上最复杂的动物,因此对人类行为模拟的发展空间更大。基于人类行为的智能优化算法如表 1-5 所示。

表 1-5 基于人类行为的智能优化算法

算法名称	算法英文名及缩写	第一作者及年份	模拟对象
社会和文明算法[23]	Society and Civilization Algorithm	Tapabrata Ray, 2003	人类的社会和文明行为
搜索者优化算法[24]	Seeker Optimization Algorithm, SOA	Chaohua Dai, 2006	人类搜索行为
集体决策优化算法[25]	Collective Decision Optimization Algorithm, CDOA	Qingyang Zhang, 2016	人类决策特点
社会进化和学习[26]	Socio Evolution & Learning Optimization Algorithm, SELO	Meeta Kumar, 2018	家庭组织的社会学习行为
知识获取共享算法[27]	Gaining Sharing Knowledge based Algorithm, GSK	Ali Wagdy Mohamed, 2020	在人的一生中获取和分享知识的过程

这里不得不提到一位澳大利亚学者 Seyedali Mirjalili,他在优化算法方面多产多收,发明了十多种优化算法,如鲸鱼优化算法[28]、樽海鞘优化算法[29]、正余弦算法[21]、多元宇宙[20]、蝴蝶优化算法[30]、蝗虫优化算法[31]、人工蜂群优化算法[32]、算术优化算法[22]等。除了对他的发明进行学习、改进和应用,我们更应该关注他的发明理念。

1.2 算法分析与评价方法

1.2.1 收敛性证明

一种新的智能优化算法是否成功,最为关键的一点是该算法是否能够收敛。若一个算法每次的运行的结果差距很大,无法收敛到一个精度范围内,这样的算法如果应用于需要实时优化的工程问题,将会造成严重的后果。因此我们需要对提出的算法进行收敛性证明。目前,常用的收敛性证明方法如下:

1. 构造递推关系:证明算法迭代序列的收敛性可以通过构造递推关系来完成。通过分析迭代序列的性质,比如单调性、有界性等,可以推导出序列的收敛性。

2. Lyapunov 函数方法:Lyapunov 函数是一种能够度量系统稳定性的函数。通过构造合适的 Lyapunov 函数,可以证明优化算法满足某些定义的收敛性条件。例如文献[33]选择合适的 Lyapunov 函数,证明了交替方向乘子法(Alternating Direction Method of Multipliers, ADMM)算法的稳定性以及得到 ADMM 算法的收敛速度。

3. 唯一极值点证明:证明优化算法的收敛性可以通过证明目标函数存在唯一的极值点来完成。如果可以证明目标函数的导数满足 Lipschitz 条件,并且极值点是唯一的,那么算法就可以收敛到这个点。文献[34]提出了一种用于求解凸优化问题的快速迭代收缩阈值算法,讨论了算法的收敛性和唯一极值点的解的存在性。

4. 随机算法的收敛性证明:对于一些随机优化算法,比如遗传算法、蚁群算法等,可以通过概率分析的方法来证明算法的收敛性。这通常涉及随机变量的性质,如期望、方差等。文献[35]探讨了随机逼近算法的有效性和收敛性。

5. 梯度性质证明:对于梯度下降方法等需要使用梯度信息的算法,可以通过证明梯度的性质来推导收敛性。比如证明梯度满足 Lipschitz 连续性条件、局部 Lipschitz 条件、Lipschitz 凸性条件等。通过这些性质,可以推导出算法能够收敛到全局最优解或局部最优解。

6. 数值实验:除了理论方法外,还可以通过数值实验来验证算法的收敛性。通过计算目标函数值的轨迹以及迭代解的变化情况,来观察算法是否逐渐收敛。同时,可以通过算法的理论分析和推导,对实验结果进行验证和比较。文献[36]通过收敛性分析和数值实验验证了一种高效的在线学习算法(Sketched Online Newton)的收敛性和性能。

在实际应用中,通常需要综合多种方法来证明算法的收敛性,确保算法能够在实践中可靠地收敛到最优解。

1.2.2　运行时间复杂度分析

运行时间复杂度是评判算法运行速度的重要指标。进行运行时间复杂度分析通常考虑算法的迭代过程、种群个数和种群维数等。

以文献[14]中的金豺优化算法的运行时间复杂性分析为例,对于 n 个金豺,初始化过程的计算复杂度是 $O(n)$。更新机制是 $O(t\times n)+O(t\times n\times d)$,它包括搜索最佳位置并更新所有位置的位置向量,其中 t 是最大迭代次数,d 是具体问题的维度。因此,金豺优化算法的运行时间复杂性是 $O(n\times(1+t+t\times d))$。

我们在追求精度的时候,时间复杂性也不容忽视,比如在一些需要在线优化的场合,快速性就是更为重要的因素,因此我们需要选择时间复杂度小的算法,或者通过改变参数,使所采用的算法时间复杂度减小,以满足实时优化的需要。

1.2.3　参数分析

每种优化算法都包含一些参数,如种群规模、最大迭代次数、各种常数因子等。这些参数选取得是否得当,也直接关系到算法的运行效果。因此,有必要进行算法的参数分析。比如文献[14]提出了金豺优化算法,进行了最大迭代次数、种群规模、常数因子的分析。通过测试函数发现,优化向着最大迭代次数增加的方向收敛。随着种群规模的增加,适应度值更小。一般地,增大最大迭代次数和种群规模,可以使算法得到更精确的解,但是会带来运算复杂度的增加,因此需要结合具体的问题进行参数设定。公母金豺位置更新公式中的常系数 c_1,其值在 1.0、1.5、2.0 之间变换时,适应度值随 c_1 的增大而减小,c_1 反映了算法在探索与开发之间的平衡关系。

在优化算法中,参数的选择对算法的性能和收敛速度有重要影响。以下是一些常见的优化算法参数分析方式:

敏感性分析:通过改变单个或多个参数的数值,评估参数变化对算法性能的影响。通过敏感性分析,可以确定哪些参数对算法具有关键影响,从而优化参数选择。文献[37]通过对社交蜘蛛算法进行参数敏感性分析,从而得到最佳性能的参数组合。

实验设计:采用设计良好的实验来系统地测试不同参数设置下的算法性能。实验设计可以帮助确定最佳的参数组合,以获得更好的优化结果。文献[38]提出了鳄鱼优化算法（Reptile Search Algorithm，RSA），其参数设置采用了实验分析方法，通过实验的结果，从而选择合适的参数。文献[23]在社会和文明算法中，分别对种群数量 N 和参数 σ 进行了灵敏度分析，参数 σ 是正态分布的标准差，影响个体移动的效率，分别进行了相同 N 值下不同 σ 值、相同 σ 值下不同 N 值的测试，给出了这两个值对优化结果的影响。

统计分析：利用统计方法对实验结果进行分析，以确定参数设置与算法性能之间的相关性。统计分析可以帮助确认参数的有效性，避免主观偏见。文献[39]中采用统计分析的方法研究遗传算法中主要参数对于算法的影响。

自适应参数：有些优化算法会根据迭代过程中的动态情况自适应地调整参数，比如动态调整学习率。这样可以在不同情况下保持算法的性能。文献[40]中提出了一种基于速度信息的自适应参数调整粒子群优化算法。

总的来说，优化算法参数分析的重要性在于可以帮助提高算法性能、减少调试时间、降低过拟合风险、提高实验可重复性、深入理解算法和优化资源利用。通过深入分析参数对算法的影响，可以使算法更加有效地运行，提高算法优化性能和鲁棒性。

1.2.4 统计学检验

元启发式算法的一个突出特点就是每次的运行结果都不相同。因此，优化算法通常被运行多次来评价其性能的优劣。优化算法优劣的评价指标主要有：平均值、最优值、最差值、标准差、平均运行时间等。平均值、最优值和最差值被用来检验各算法的寻优精度。标准差可以衡量算法寻优性能结果的稳定性。平均运行时间可以衡量算法的运算复杂度。

统计检验也常用来评价优化算法的性能。常用的检验有 Friedman 检验、Wilcoxon 符号秩检验以及箱线图等。统计检验的作用有：

验证算法有效性：统计检验可以用来验证优化算法的有效性和性能。通过进行统计检验，可以确定算法是否能够显著提高性能，以及相对于其他方法是否具有优势。

比较不同算法：统计检验可以用来比较不同优化算法之间的性能差异。通过进行统计检验，可以确定哪种算法在特定情况下表现更好，从而帮助选择最适合特定问题的优化算法。

解释结果可靠性：通过进行统计检验，可以确定优化算法得出的结论是否具有统计显著性,以及结果是否可信。

调整参数:统计检验可以用来调整优化算法的参数,以进一步提高算法的性能。通过统计检验,可以确定哪些参数设置能够取得最佳效果,帮助优化算法的调节参数过程。

1.2.4.1 Friedman 检验

Friedman 检验是多个(相关)样本齐一性的统计检验。该方法是莫里斯·弗里德曼(Maurice Friedman)于 1973 年提出的。Friedman 检验法是一种非参数统计方法,用于比较三个或以上独立的样本的差异性。该方法采用秩和检验的原理,以确定样本是否来自同一总体。相比于传统的方差分析方法,Friedman 检验法更加适用于不满足正态分布假设的数据。

Friedman 检验的基本思想是对所有样本进行排名,并将排名之和作为测量样本排名和的统计量。通过此统计量,可以计算出 Friedman 检验的统计量和 p 值,以判断多个样本之间的显著性差异。

Friedman 检验法的优点在于可以进行非常广泛的应用,适用于各种不同类型的数据。它可以帮助研究人员比较多个处理方法、多个时间点或多个实验组之间的差异性。此外,Friedman 检验也可以作为其他统计方法的替代品,例如重复测量的方差分析和 Kruskal-Wallis 检验。

需要注意的是,Friedman 检验法要求样本数量较大,通常至少需要 5 个样本。此外,如果样本数量较少,可能会导致统计不足的问题。在进行 Friedman 检验的时候,还需要考虑到样本排名的方式,以确保排名结果的准确性。

Friedman 检验法的广泛应用和适用性使其成为研究人员使用的对比优化算法的常见工具之一。文献[41]使用 Friedman 检验来比较每种优化算法在寻优性能方面的统计差异,具体数据可见 2.7.3 节。

1.2.4.2 Wilcoxon 符号秩检验

Wilcoxon 符号秩检验(Wilcoxon Signed Ranks Test)由 Frank Wilcoxon 于 1945 年提出,该方法是在成对观测数据的符号检验基础上发展起来的,比传统的单独用正负号的检验更加有效。Wilcoxon 符号秩检验是一种非参数检验[42]。利用 Wilcoxon 符号秩检验,在不假设数据服从正态分布的前提下,判断出相应的数据总体分布是否相同。

1.2.4.3 箱线图

箱线图(Boxplot)也称箱须图,是一种用作显示一组数据分散情况的统计图,因形状如箱子而得名。它用一组数据中的下限值、下四分位数、中位数、上四分位数和上限值来反映数据分布的中心位置和散布范围,也可以粗略地看出数据是否具有对称性、分布的分散程度。通过将多组数据的箱线图画在同一坐标上,可以清晰地显示出各组数据的分布差异。在优化研究中,可以用来比较各种优化算法的优劣。将各种需要对比的算法独立运行 n 次,统计出各算法这 n 次的数据,横坐标为不同的算法,纵坐标为各算法的适应度值。

箱线图需要用到统计学的四分位数的概念,所谓四分位数,就是把一组数中的数据由小到大排列并分成四等份,处于三个分割点位置的数字就是四分位数。最小值:等于该样本中所有数值的最小值。最大值:等于该样本中所有数值的最大值。中位数:等于该样本中所有数值由小到大排列后第 50%的数字。下四分位数:等于该样本中所有数值由小到大排列后第 25%的数字。上四分位数:等于该样本中所有数值由小到大排列后第 75%的数字。

箱线图的主体是一个矩形,就像一个箱子一样,其上下两端分别对应数据的上四分位数和下四分位数,矩形内部的横杠称为中位线,对应的是数据的中位数。在箱体外的上端和下端各有两条线段,分别对应数据的最大值和最小值。图 1-1 为箱线图示例。

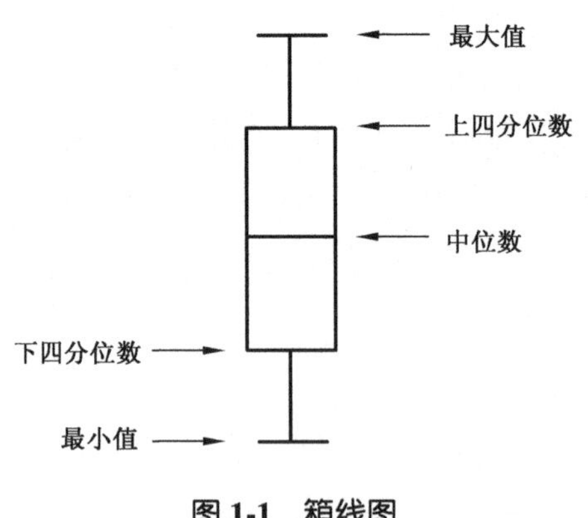

图 1-1 箱线图

1.2.5 测试函数

为了评判各种优化算法的性能优劣,研究者常以一些典型的问题作为测试算例。如旅行商问题,又常被称为旅行推销员问题(Travelling Salesman Problem,

TSP)。经典的 TSP 可以描述为:给定一系列城市和每对城市之间的距离,一个商品推销员要去这些城市推销商品,该推销员从一个城市出发,需要经过所有城市后,回到出发地,应如何选择行进路线,以使总的行程最短。它是组合优化中的一个 NP 难题。TSP 问题在现实中可以映射为可减少拥堵的道路交通规划、节省成本的物流规划、保证信息顺畅流动的互联网节点设置、电路板线路最短布线方案设计等。早期的研究者使用精确算法求解该问题,常用的方法包括:分枝定界法、线性规划法、动态规划法等。但是,随着问题规模的增大,精确算法研究能力受限,因此,在后来的研究中,国内外学者重点使用近似算法或启发式算法,包括遗传算法、蚁群算法、模拟退火法、贪婪算法、禁忌搜索算法和神经网络等。

近年来,为了解决优化问题,人们提出许多新型优化算法,为了进一步测试优化算法性能,国际进化计算大会因此举办多场关于单目标实参的优化竞赛。IEEE 国际进化计算大会(IEEE Congress on Evolutionary Computation, IEEE CEC)是进化计算领域中最大和最重要的会议之一,为了公平评估算法寻优性能,在优化竞赛中提出了单目标实参数数值优化竞赛的问题定义和评估标准。所有新型进化算法和基于群体的算法都统一对单目标基准问题进行测试。

处理优化问题时,研究单目标优化算法是研究多目标优化算法、约束优化算法等更复杂优化算法的基础。为了评价优化算法性能,各种标准测试函数集被提出,涵盖了单峰测试函数、多峰测试函数和多峰固定维测试函数,可以全面而准确地测试算法性能。鉴于最大化与最小化问题可以进行转换,大会定义所有测试函数都是最小化问题,即 Min $f(x)$,其中,x 为 D 维空间变量,$f(x)$代表目标函数。

CEC2017 测试函数集的使用相当广泛,它对算法有一定挑战性且学术上认可度较高。测试集所有函数都进行了旋转和位移,增加了算法寻优难度。函数主要包含 29 个测试函数。

CEC2019 函数集是对元启发式算法的性能进行测试的相当有效的基准函数。在 CEC2019 中,F_1-F_3 函数具有不同的维度值和范围,F_4-F_{10} 函数是 10 维最小化问题。由于 CEC2019 测试函数许多都是多峰函数,因此非常具有挑战性。

CEC2022 的测试函数是目前较新的测试集,如表 1-6 所示。包括单峰函数(Unimodal Functions)、基础函数(Basic Functions)、混合函数(Hybrid Functions)、复合函数(Composition Functions)[43]。

表 1-6 CEC2022 测试函数

类型	序号	函数描述	F_i^*
Unimodal Function	1	Shifted and full Rotated Zakharov Function	300
Basic Functions	2	Shifted and full Rotated Rosenbrock's Function	400
	3	Shifted and full Rotated Expanded Schaffer's f_6 Function	600
	4	Shifted and full Rotated Non-ContinuousRastrigin's Function	800
	5	Shifted and full RotatedLévy Function	900
Hybrid Functions	6	Hybrid Function 1 ($N=3$)	1 800
	7	Hybrid Function 2 ($N=6$)	2 000
	8	Hybrid Function 3 ($N=5$)	2 200
Composition Functions	9	Composition Function 1 ($N=5$)	2 300
	10	Composition Function 2 ($N=4$)	2 400
	11	Composition Function 3 ($N=5$)	2 600
	12	Composition Function 4 ($N=6$)	2 700
搜索范围：$[-100, 100]^D$			

1.3 群智能优化策略

优化策略是各种优化算法的灵魂。群优化算法常采用自然界动物的成对或者群体行为来进行优化。比如金豺优化算法，狩猎工作由雄性豺狼领导，雌性豺狼跟随雄性豺狼。比如樽海鞘群算法，樽海鞘形成链条，后面的一个跟随前一个樽海鞘游动。蜉蝣算法（Mayfly Optimization Algorithm，MOA）[44]模拟了雌雄蜉蝣交配繁殖行为。

优化策略需要使算法在初期能够分布更广，不要错过分散在各处的极值点，后期搜索要精细，搜索步幅要小，不要错过搜索位置附近的极值点。

探索（Exploration）和开发（Exploitation）是优化策略核心考虑的能力。在搜索的初期，我们期望有更广阔的搜索空间，避免陷入局部极小值，因此，更侧重探索能力。搜索后期，为了加快收敛速度，更侧重开发能力。开发能力是否出众，我们可以通过单模态函数实现。对于探索能力，由于多模态函数由多个局部最优，因此多采用多模态函数测试算法的探索能力。

然而，如何区分搜索前期与后期，如何平衡探索和开发能力，就显得十分重要。许多学者采用了很多平衡手段，例如在微粒群算法中的惯性权重，就是其中的一个方法。权重随着迭代递减，粒子的速度越来越小，利于最后收敛在全局最优值附近。惯性权重的设置方法有很多，例如：线性、指数、三角函数等。随机因子也是平衡探索和开发能力的一种方法。在算法迭代过程中，随机因子可以使算法跳出局部极值，更有利于全局搜索。下面详细介绍几种常用于群智能算法的优化策略。

1.3.1　小生境技术

小生境技术是指生物在特定环境下的一种生存环境[45]，它反映了生物在进化过程中，一般倾向于与特征、形状相似的生物生活在一起，共同繁殖后代。在小生境中，同种生物之间既存在相互竞争，又存在信息交换。小生境的基本思想是由小生境技术根据种群各个体之间的相似程度形成一系列小生境群体，然后在各个小生境中，利用共享机制对每个个体的适应度进行调整，以维持种群的多样性，形成小生境的进化环境。文献[46]提出了一种基于自组织映射神经网络的小生境差分进化算法，融入了变邻域搜索以更好地覆盖所有可能的最优区域，加入了动态选择策略以平衡算法的探索与开发能力，从而提高了差分进化算法处理多模态优化问题的能力。

1.3.2　重心反向学习

反向学习由 Tizhoosh 在 2005 年提出[47]，其思想是根据边界中心创建一个反向解，从而扩大搜索范围，提高跳出局部最优的能力，其定义如下：

$$\tilde{y}=ub+lb-y \tag{1-1}$$

其中，y 是 ub 与 lb 之间的随机数；ub 和 lb 分别是问题的上限与下限；$\tilde{y}$ 是空间中 y 的反向解。

将上式扩展到 d 维空间中，如下式

$$\tilde{\boldsymbol{Y}}_j=ub_j+lb_j-\boldsymbol{Y}_j \tag{1-2}$$

其中，$\boldsymbol{Y}$ 定义为$[y_1,y_2,\cdots,y_d]$；ub_j 和 lb_j 是第 j 维的上限与下限。

反向学习通过两个边界确定反向解，导致其他的位置不被考虑，于是 Rahnamayan 提出重心反向学习[48]，考虑所有的位置，从而提高了全局探索能力，其定义如下：

$$M=\frac{Y_1+\cdots+Y_n}{n}$$

$$\widetilde{\boldsymbol{Y}}_i=2*\boldsymbol{M}-\boldsymbol{Y}_i \qquad 1\leqslant i\leqslant n \tag{1-3}$$

其中,种群为$[Y_1,Y_2,\cdots,Y_n]$;n 为种群个体数;M 为种群重心;$\widetilde{\boldsymbol{Y}}_i$ 为 $\boldsymbol{Y}_i$ 的反向解。

重心反向学习相比于反向学习,它利用了整个种群的位置信息,不再局限于边界信息,可以扩大反向学习的探索区域,从而提高反向学习的效率和探索能力。

1.3.3 Q 学习

Q 学习由 Watkins 在 1992 年提出[49],是一种与模型无关的强化学习算法,直接优化一个可迭代计算的 Q 函数。它也拥有强化学习的个体、环境、状态、动作和奖励五大要素。Q 学习的要素包括状态空间 $S=\{s_1,s_2\}$、动作空间 $A=\{a_1,a_2\}$、环境、个体与奖励。Q 学习是根据环境给的反馈,给予个体奖惩,从而使个体根据状态智能地选择动作。在某一状态 s_t 下,个体会选择一个动作 a_t,个体会根据环境,得到相应的奖励值,随后通过 Q 学习的迭代公式得到 Q 值 $Q(s_t,a_t)$。$Q(s_t,a_t)$代表 s_t 状态下进行 a_t 动作的 Q 值,而每一个 Q 值又构成了一个 Q 表。Q 学习迭代公式如下式:

$$Q_{t+1}(s_{t+1},a_{t+1})=Q_t(s_t,a_t)+\alpha\times[reward_{t+1}+\gamma\times\max_a Q(s_{t+1},a)-Q(s_t,a_t)] \tag{1-4}$$

其中,s_t 为第 t 次迭代的状态;a_t 为第 t 次迭代的动作;$reward_{t+1}$ 是奖励值;$\max Q(s_{t+1},a)$是 s_{t+1} 状态下最大的 Q 值;$0<\alpha<1$ 和 $0<\gamma<1$ 分别是学习率和折扣因子,学习率 α 控制每次更新的幅度,折扣因子 γ 表示未来奖励的重要性。

Q 表是 Q 学习的关键,它用于存储迭代产生的 Q 值,通过不断地迭代,Q 表被不断地更新和训练。根据 Q 表的数值,优化算法可以选择不同的优化策略,在每次迭代过程中选取最高的 Q 值作为寻优策略。

文献[50]中提出一种基于 Q 学习的天鹰算法和算术算法的混合优化算法。由于天鹰算法和算术优化算法在不同的优化问题中的性能表现不同,混合两种算法将会提高优化性能,因此,利用 Q 学习的反馈能力进行算法选择,从而取长补短,提高了算法整体的优化性能。

1.3.4 Lévy 飞行策略

Lévy 飞行以法国数学家保罗·莱维命名,指的是步长的概率分布为重尾分布的随机行走,即在随机行走的过程中有相对较高的概率出现大跨步。与步长分布没有重尾的随机行走相比,莱维飞行的运动轨迹就像时不时可以飞行一样,故名飞行。

Lévy 飞行可以帮助算法跳出局部最优解的位置。文献[51]引入 Lévy 飞行,将其作用于蝙蝠算法的位置更新公式中,使算法跳出局部最优;文献[52]提出一种融合 Lévy 飞行算法的改进樽海鞘群算法,利用 Lévy 飞行算法的随机搜索步长,增大了樽海鞘群算法的搜索空间,提高了樽海鞘群算法的寻优精度,并将改进的樽海鞘群算法用于多阈值图像分割。

1.3.5　初始化策略

种群初始化是在待优化变量的上下界之间初始化,目标是生成一组具有一定分布特性的初始解。这些初始解应该能够较好地覆盖整个搜索空间,以提高算法的全局搜索能力。

种群初始化是优化算法的重要一步,它决定了算法的搜索空间和初始状态,通过合理选择和设计种群初始化方法,可以提高算法的全局搜索能力,加快算法的收敛速度,从而得到更优的解。总结种群初始化的方法如下:

1. 随机初始化:最简单的种群初始化方法是随机生成一组解作为初始种群。这种方法的优点是简单直观,易于实现,但缺点是容易陷入局部最优解,搜索效果较差。

2. 均匀分布初始化:均匀分布初始化是将搜索空间等分为若干个子空间,并在每个子空间内随机生成一个解作为初始种群。这种方法可以较好地覆盖整个搜索空间,但由于每个子空间的解是随机生成的,可能存在一些重复解,导致搜索效果不佳。

3. 混沌序列初始化:混沌序列是一种具有高度随机性和无周期性的序列,具有遍历性,可以用来生成初始种群。常见的混沌序列有 Logistic 混沌序列、Tent 混沌序列等。通过选择合适的混沌序列和调整其参数,可以生成一组具有高度分散性的初始解,提高算法的搜索效果。

4. 基于问题特性的初始化:有些问题具有一定的结构特性,可以利用这些特性来进行种群初始化。例如,对于图像分割问题,可以将图像划分为若干个区域,并在每个区域内随机生成一个解作为初始种群;对于旅行商问题,可以根据城市之间的距离进行排序,然后选择距离较远的城市作为初始种群。这种方法可以有效地利用问题的先验知识,提高算法的搜索效果。

5. 佳点集初始化:有研究表明算法的初始化多样性有助于算法寻优。因此可借助佳点集具有多样性的特性来进行种群初始化[53]。例如文献[54]采用佳点集的思维对飞蛾扑火算法(Moth Flame Optimization, MFO)进行初始化。

在进行种群初始化时,需要考虑到问题的特性和算法的要求,还需要注意避免生成重复解,以及控制初始解的分布范围和密度,以提高算法的搜索效率和收敛速度。

1.3.6 混合策略

在算法创建或者改进过程中更多的是利用各种混合策略,而不是单一的策略。就像俗语说的,三个臭皮匠顶个诸葛亮,还有成语三人行必有我师,三代表多,多个策略改进的效果往往好于一两个的效果。如文献[55]针对麻雀搜索算法(Sparrow Search Algorithm, SSA)存在的优化精度不足、搜索效率低等缺陷,提出了基于量子计算和多策略增强的麻雀搜索算法:首先在初始化种群时利用Circle混沌映射相对稳定、混沌值覆盖率高的特点进行初始种群;随后利用量子计算突变种群,增加种群的多样性;在搜索阶段对原有的方式进行改进,利用T分布跳出局部最优;并且加入一个新的策略,消除一定数量适应度差的麻雀,再根据最优解和次优解更新等数量的麻雀。

混合策略是优化算法中常见的策略,通过结合多种不同的优化方法,可以充分利用它们各自的优点,从而获得更好的全局搜索能力和收敛性能。以下总结了混合策略的一些优点:

1. 综合多种算法优点:混合策略能够将不同优化算法的优点结合起来,弥补各自算法的不足之处。通过恰当地结合多种方法,可以提高整体优化算法的性能。如蜉蝣算法,融合了粒子群算法、遗传算法与萤火虫算法,集中了群体智能和进化算法的优势。

2. 增强搜索能力:混合策略可以加强算法的全局搜索能力,因为不同的算法可能在搜索空间中的不同区域表现更好。混合策略可以充分利用多种算法的搜索能力,提高找到全局最优解的可能性。文献[56]对于麻雀算法搜索能力不强的问题,采用黄金搜索策略提高算法的搜索能力。

3. 适应性强:混合策略可以根据问题的特性和优化过程中的具体情况进行动态调整,提高算法的适应性。这意味着算法可以根据不同情况自适应地选择最适合的算法部分,以更快地收敛到最优解。文献[57]中提出一种混合遗传算法和模拟退火算法的改进算法，相比于原始算法，混合算法能够有效地避免过早收敛，提高算法跳出局部最优的能力。

4. 提高收敛速度：通过混合不同算法的优点，混合策略可以加速收敛过程。一些算法可能在搜索初期较快，而另一些算法可能在接近最优解时更有效。结合这些算法可以在不同阶段加速优化过程。文献[58]提出一种基于正余弦优化算法的混合金豺优化算法，提高了算法的收敛速度和精度，并用于多级阈值图像分割，取得了良好的分割质量和稳定性。

总之，混合策略通过结合多种优化算法的优点，可以提高算法的搜索能力、适应性和收敛速度，从而更有效地解决复杂的优化问题。

1.3.7 变异策略

传统的优化算法可能会面临无法跳出局部最优的困境，因此，许多学者研究如何利用一些策略，使算法能够跳出局部最优值。经过研究发现通过生物学中的变异策略可以提高算法跳出局部最优的能力。这里列举五种比较主流的变异策略：差分变异、高斯变异、t 分布扰动变异、自适应 t 分布扰动变异和柯西变异。

1.3.7.1 差分变异

差分变异是指对个体进行变异操作，生成新的个体以进化种群。具体来说，差分变异是通过对种群中的个体进行线性组合，计算出一个新的个体作为变异个体。这个新的个体与原始个体之间的差异，可以帮助算法在搜索空间中更广泛地探索，从而有助于发现更优的解。例如文献[59]为研究平衡优化算法在机器人路径规划领域的应用，引入差分变异的策略，提高算法的搜索能力。

1.3.7.2 高斯变异

高斯变异中，新的个体或解根据高斯分布（正态分布）生成，并加入当前种群中。高斯变异的关键参数包括均值（控制变异的中心位置）和标准差（控制变异的幅度）。通过调整这些参数，可以控制变异的方式和幅度，以帮助算法实现更好地搜索和优化性能。传统变异策略采用均匀分布的概率分布函数，由于均匀分布函数在相同长度间隔的区间中是等概率的，因此在变异个体附近无法产生较大扰动，所以有时无法跳出局部极值。然而高斯分布函数在原点处峰值较小，两端的分布比较长，因此，高斯分布更加容易跳出局部最优。例如文献[60]引入高斯变异策略提高了鲸鱼算法跳出局部最优的能力。

1.3.7.3 t 分布扰动变异

t 分布扰动变异中,新的个体或解是根据 t 分布生成的,而不是传统的高斯分布。t 分布通常比高斯分布具有更宽的尾部,因此可以在搜索空间中引入更多的随机性和多样性。这种变异策略旨在帮助算法更好地跳出局部最优解,更全面地探索解空间,从而增加寻优的机会。例如文献[61]通过引入 t 分布扰动变异来改进花授粉算法,通过该策略改进的花授粉算法在全局搜索的能力上得到了提高。

1.3.7.4 自适应 t 分布扰动变异

自适应 t 分布扰动变异可根据当前优化过程的情况自适应地调整 t 分布的参数。这种策略允许算法根据个体的表现或种群的状态来动态调整 t 分布的自由度或尺度参数,以更好地平衡探索和开发,在优化过程中更灵活地适应问题的复杂度和特性。通过自适应调整 t 分布扰动的参数,算法可以更好地适应不同的优化问题,以及随着优化过程进行可能出现的问题变化。例如文献[62]采用一种自适应 t 分布扰动变异的因子用于提高麻雀搜索算法的搜寻能力。

1.3.7.5 柯西变异

柯西分布是一种重尾分布,与高斯分布相比,具有更快的尾部衰减,因此在柯西变异中生成的新个体可能具有更大的变化幅度。柯西变异通过在当前个体周围按照柯西分布生成扰动值,来实现在搜索空间中引入更多的随机性和多样性。这有助于算法跳出局部最优解,更好地探索解空间,从而提高优化的全局搜索能力。通过柯西变异,算法可以更全面地搜索解空间,增加发现更优解的机会。柯西变异的特点在于其较高的随机性和变异幅度,有助于算法在搜索过程中保持多样性,同时具有一定的探索能力。文献[63]为了解决蜉蝣算法容易陷入局部最优以及收敛速度慢的情况,引入柯西变异因子解决上述问题,经过仿真验证了该措施的有效性。

除了上述各种策略,还有许多其他策略不再一一列举。各种算法或者策略之间的关系也是多种多样,有串行、并行、混合等。串行搜索将全局搜索能力强的算法先进行搜索,搜索到极小值附近,再使用一种局部开发能力强的算法进行局部开发,加快收敛速度,避免陷入局部极小值。并行搜索则可以同时发挥各种优化算法的优势。混合搜索则是在一种搜索算法的迭代过程中引入另外一种算法。

1.4　无免费午餐定理

无免费午餐(No Free Lunch, NFL)定理是 David H. Wolpert 和 William G. Macready 提出的最优化理论的发展之一[1]。NFL 定理最重要的意义是,在脱离实际意义情况下,空泛地谈论哪种算法好毫无意义,要谈论算法优劣必须针对具体学习问题。

“无免费午餐”是指对于一组问题,平均来说,没有一种算法能够在所有问题上都比其他算法更好。具体而言,在解决一个问题的所有可能算法中,对于一个特定的算法在某些问题上表现得非常好,就意味着在另一些问题上这个算法表现会较差。同样地,一个算法在某些问题上表现较差,并不意味着它在所有问题上都不好。

这个定理的核心思想是,算法的性能与问题的特性紧密相关。不同的问题具有不同的特点,因此适用于某个特定问题的算法未必适用于其他问题。没有一个通用的最好算法,每个问题都需要根据其特殊性选择最适合的算法。

无免费午餐定理在优化领域有广泛的应用。它强调了问题本身的特性对算法选择的重要性,鼓励研究者根据问题的特点选择合适的算法,并进行针对性的优化。因此,总有空间开发新的优化算法来克服困难的优化问题。

第2章　群智能优化算法的改进

本章提出几种群智能优化算法的改进算法。粒子群优化算法是比较早期的群智能优化算法,对粒子群的改进策略,可为其他算法的改进起到抛砖引玉的作用。本章在粒子群算法、蚁群算法等算法的基础上,提出膜计算多粒子群算法、细菌群优化算法、多阶段自适应蝙蝠—蚁群混合群智能优化算法、多策略改进樽海鞘群算法、改进蜘蛛蜂优化算法等。

2.1　标准微粒群算法

微粒群(Particle Swarm Optimization, PSO)算法,又称粒子群算法,是一种典型的群体智能算法,它最早是由美国社会心理学家 James Kennedy 和电气工程师 Russell Eberhart 于 1995 年共同提出的[8],其基本概念源于对鸟群觅食过程中的迁徙和群居的模拟研究。最早的微粒群算法称为基本 PSO 算法。为了改善基本 PSO 算法的收敛性能,Yuhui Shi 和 Russell Eberhart 在 1998 年的 IEEE 国际进化计算学术会议上提出了带线性递减惯性权重的 PSO 算法[64]。Maurice Clerc 和 James Kennedy 于 2002 年提出了带收缩因子的 PSO 算法[65]。目前,有关 PSO 算法的研究集中以带线性递减惯性权重的 PSO 算法为基础进行改进或扩展,因此,通常将带惯性权重的 PSO 算法称为标准 PSO 算法。

在标准 PSO 算法中,优化问题的每个潜在解被定义为搜索空间中的一个"微粒",每个微粒都有一个根据目标函数定义的适应度,还有一个决定其移动的方向和距离的速度,微粒群中所有微粒都追随当前的个体最优微粒、全局最优微粒搜索最优解。

假设在 n 维搜索空间中,由 N 个微粒组成一个微粒群:$\boldsymbol{X}=[X_1,X_2,\cdots,X_N]$,其中,$\boldsymbol{X}_i(i=1,2,\cdots,N)$ 为第 i 个微粒的位置向量:$\boldsymbol{X}_i=\{x_{i1},x_{i2},\cdots,x_{in}\}$,它代表了优化问题的一个可行解;每个微粒还有一个速度,第 i 个微粒的速度可表示为 $\boldsymbol{V}_i=\{v_{i1},v_{i2},\cdots,v_{in}\}$,它决定了微粒移动的方向和距离。所有微粒在 n 维搜索空间中寻找最优解,微粒 i 自身经历过的最好位置可表示为 $\boldsymbol{P}_i=\{p_{i1},p_{i2},\cdots,p_{in}\}$,被称为个体最优位置,其对应的可行解称为个体最优解。

对于最小化问题，目标函数值越小说明所得解越优，假设 $f(\boldsymbol{X}_i)$ 为最小化问题的目标函数，则微粒 i 的个体最优位置的迭代更新公式为

$$\boldsymbol{P}_i(t+1)=\begin{cases}\boldsymbol{X}_i(t+1) & f(\boldsymbol{X}_i(t+1))<f(\boldsymbol{P}_i(t))\\ \boldsymbol{P}_i(t) & f(\boldsymbol{X}_i(t+1))\geqslant f(\boldsymbol{P}_i(t))\end{cases} \tag{2-1}$$

式中

$\boldsymbol{P}_i(t+1)$——第 $t+1$ 代第 i 个微粒的个体最优位置；

$\boldsymbol{P}_i(t)$——第 t 代第 i 个微粒的个体最优位置；

$\boldsymbol{X}_i(t+1)$——第 $t+1$ 代第 i 个微粒的位置。

微粒群中所有微粒所经历过的个体最优位置中最好的位置被称为全局最优位置，可表示为 $\boldsymbol{P}_g=\{p_{g1},p_{g2},\cdots,p_{gn}\}$，将其所对应的可行解称为全局最优解。对于最小化问题，微粒群的全局最优位置为

$$\boldsymbol{P}_g(t)=\min\{\boldsymbol{P}_1(t),\boldsymbol{P}_2(t),\cdots,\boldsymbol{P}_N(t)\} \tag{2-2}$$

在 PSO 算法进化过程中，每个微粒需要不断地对其速度和位置进行更新，以完成上述个体最优位置和全局最优位置的更新，从而搜索到最优解，在第 t 代微粒群中对于微粒 i 其第 d 维的速度和位置的更新过程为

$$v_{id}(t+1)=wv_{id}(t)+c_1r_1[p_{id}(t)-x_{id}(t)]+c_2r_2[p_{gd}(t)-x_{id}(t)] \tag{2-3}$$

$$x_{id}(t+1)=x_{id}(t)+v_{id}(t+1) \tag{2-4}$$

式中

$v_{id}(t+1)$——第 $t+1$ 代第 i 个微粒的第 d 维的速度；

$v_{id}(t)$——第 t 代第 i 个微粒的第 d 维的速度；

$x_{id}(t+1)$——第 $t+1$ 代第 i 个微粒的第 d 维的位置；

$x_{id}(t)$——第 t 代第 i 个微粒的第 d 维的位置；

r_1、r_2——(0, 1) 区间内互相独立的 2 个随机数；

c_1、c_2——加速常数；

w——惯性权重；

$p_{id}(t)$——第 t 代个体最优微粒的第 d 维的位置；

$p_{gd}(t)$——第 t 代全局最优微粒的第 d 维的位置。

对标准 PSO 算法中微粒迭代更新的过程进行形象地描述，如图 2-1 所示。

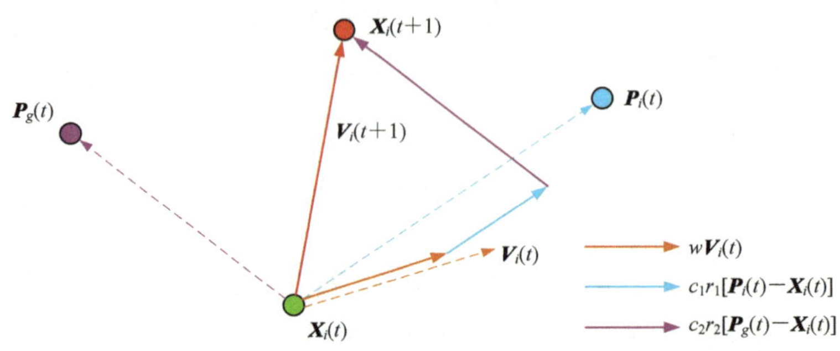

图 2-1 微粒迭代更新的过程

式(2-3)表示的速度更新公式由以下 3 个部分组成：

第一部分为惯性运动项，表示微粒的当前速度对下代速度的影响，体现了微粒自身运动所具有的惯性，因此参数 w 被称作惯性权重。

第二部分为自我认知项，根据微粒个体最优位置与当前位置的距离修正下一代的速度，使得微粒在运动时能够充分利用自身的经验信息，因此参数 c_1 被称为自我认知加速常数，用来调节微粒向个体最优位置方向移动的步长。

第三部分为社会认知项，利用微粒群中全局最优位置与当前位置的距离修正下一代速度，使得微粒在运动时能够充分利用群体中其他微粒的信息经验，因此参数 c_2 被称为社会加速常数，用来调节微粒向全局最优位置方向移动的步长。

标准 PSO 算法的流程如图 2-2 所示。

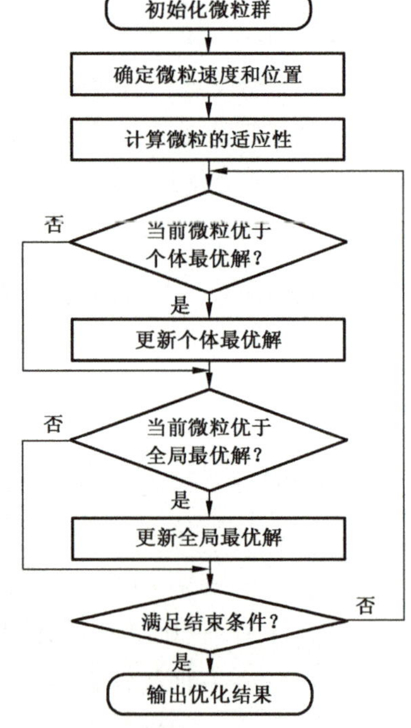

图 2-2 PSO 算法的流程

2.2 多作用力粒子群算法

PSO 算法从提出至今已有近三十年的历史，算法比较成熟，诸位学者对其改进作出了贡献。其中，在作用力规则方面的改进是一个重要的改进成果。

微粒间的作用力决定了微粒速度的方向和大小，是平衡微粒全局和局部开发的关键因素。由于标准微粒群算法的作用力规则中仅考虑个体最优微粒和全局最优微粒对当前微粒的引力，这是导致算法陷入局部最优的内在缺陷。因此，一些学者从调整引力大小、增添引力、增添斥力、增添引力和斥力这四个侧面对微粒群算法的作用力规则进行了改进。具体为：①调整引力大小。例如，采用线性递减的惯性权重策略、基于模糊规则动态调整惯性权重的策略，来调整微粒间引力大小，提高微粒群算法的性能[66]；引入收缩因子概念，根据微粒适应度动态改变收缩因子大小，从而改变当前微粒所受的引力大小，以保证算法收敛[67]；通过动态调整的加速因子以提高微粒群算法的收敛速度和搜索精度[68]。②增添引力。例如，同时考虑个体最优微粒和具有寿命周期的全局最优微粒对当前微粒的引力，避免算法陷入局部最优[69]；引入中间适应度微粒对当前微粒引力的中值导向微粒群（Median-Oriented PSO，MPSO）算法，以避免陷入局部最优，增强算法的全局搜索能力[70]；考虑距离当前微粒最近的微粒的引力，指导微粒进行搜索[71]；将标准微粒群算法中个别微粒对当前微粒的引力扩展为所有个体最优微粒的引力，以保持种群多样性[72]。③增添斥力。例如，引入种群多样性函数，当种群多样性值小于其临界值时，微粒受个体最优微粒和全局最优微粒的斥力而向四周扩散，以提高种群多样性[73-74]；根据种群多样性自适应改变全局最优微粒的引力和斥力，并结合梯度信息使微粒沿梯度下降的方向进行搜索，增强局部开发能力[75]；考虑适应度变差的微粒对当前微粒的斥力，利用排斥项来计算黑名单微粒的斥力，增强种群多样性，以避免算法早熟收敛[76]。④增添引斥力。例如，同时扩展微粒间的引、斥力的扩展微粒群（Extended PSO，EPSO）算法，将个体最优微粒和全局最优微粒对当前微粒的引力扩展为所有微粒对当前微粒的引、斥力，改善算法的最优解搜索能力[77]。

本课题组提出了多作用力粒子群（Multi Force PSO，MFPSO）算法，在不同搜索阶段采用不同的作用力规则，提高了算法寻优性能[78]；为进一步提高搜索精度，降低寻优时间，又提出了两阶段作用力粒子群（Two-Stage Force PSO，TFPSO）算法[79]。

多作用力微粒群（MFPSO）算法的基本思想是：采用多作用力阶段性搜索策略，将搜索过程划分为前、中、后期 3 个阶段，考虑微粒间作用力，借鉴拟态物理学中的引斥力思想，分别构造单一斥力、平衡引斥力、单一引力 3 种作用力规则，在不同搜索阶段采用不同的作用力规则，通过计算当前微粒所受的作用力，更新微粒的速度和位置，根据微粒的适应度更新个体最优微粒和全局最优微粒。

前期，考虑微粒间的排斥作用，构造单一斥力的作用力规则，使微粒受所有微粒的斥力,以增强微粒群的种群多样性,提高算法的全局搜索能力;中期,同时考虑微粒间的吸引和排斥作用,构造平衡引、斥力的作用力规则,使微粒受到比其适应度好的个体最优微粒的引力和比其适应度差的个体最优微粒的斥力,以保持微粒群的种群多样性,平衡算法的全局和局部开发能力;后期,考虑全局最优微粒的吸引作用,构造单一引力的作用力规则,使微粒向全局最优微粒靠近,以增强算法的局部开发能力,提高收敛速度。

2.2.1 3种作用力规则的构造

假设在 n 维搜索空间中,微粒群的种群规模为 N,对于任意微粒 $i(i=1, 2, \cdots, N)$,第 t 代微粒 i 的位置矢量为 $\boldsymbol{X}_i(t)=[x_{i1}(t), x_{i2}(t), \cdots, x_{in}(t)]$,速度矢量为 $\boldsymbol{V}_i(t)=[v_{i1}(t), v_{i2}(t), \cdots, v_{in}(t)]$,其个体最优微粒的位置矢量为 $\boldsymbol{P}_i(t)=[p_{i1}(t), p_{i2}(t), \cdots, p_{in}(t)]$;对于整个微粒群,第 t 代全局最优微粒 g 的位置矢量为 $\boldsymbol{P}_g(t)=[p_{g1}(t), p_{g2}(t), \cdots, p_{gn}(t)]$。

1. 单一斥力的作用力规则

微粒 j 对微粒 i 的斥力

$$x_{id}(t)-x_{jd}(t) \quad j\in N$$

2. 平衡引斥力的作用力规则

比微粒 i 适应度好的个体最优微粒对微粒 i 的引力

$$p_{jd}(t)-x_{id}(t) \quad j\in B_i(t)$$

比微粒 i 适应度差的个体最优微粒对微粒 i 的斥力

$$x_{id}(t)-p_{jd}(t) \quad j\in W_i(t)$$

式中

$$B_i(t)=\{j|f(\boldsymbol{P}_j(t))<f(\boldsymbol{X}_i(t)) \quad \forall j\in N\}$$

$$W_i(t)=\{j|f(\boldsymbol{P}_j(t))\geqslant f(\boldsymbol{X}_i(t)) \quad \forall j\in N\}$$

3. 单一引力的作用力规则

全局最优微粒 g 对微粒 i 的引力

$$p_{gd}(t)-x_{id}(t)$$

以上式中

$x_{jd}(t)$——第 t 代微粒 j 的第 d 维位置;

$x_{id}(t)$——第 t 代微粒 i 的第 d 维位置;

$p_{jd}(t)$——第 t 代微粒 j 的个体最优微粒的第 d 维位置;

$B_i(t)$——第 t 代比微粒 i 适应度好的个体最优微粒的集合；

$W_i(t)$——第 t 代比微粒 i 适应度差的个体最优微粒的集合；

$f(\cdot)$——适应度函数；

$p_{gd}(t)$——第 t 代全局最优微粒 g 的第 d 维位置。

2.2.2　MFPSO 算法

MFPSO 算法的速度和位置更新公式为

$$\begin{aligned} v_{id}(t+1) = & wv_{id}(t) + \alpha \sum_{j \in N} c_j r_j [x_{id}(t) - x_{jd}(t)] + \\ & \beta \Big(\sum_{j \in B_i(t)} c_j r_j [p_{jd}(t) - x_{id}(t)] + \sum_{j \in W_i(t)} c_j r_j [x_{id}(t) - p_{jd}(t)] \Big) + \\ & \gamma c_g r_g [p_{gd}(t) - x_{id}(t)] \end{aligned} \tag{2-5}$$

$$x_{id}(t+1) = x_{id}(t) + v_{id}(t+1) \tag{2-6}$$

式中

$v_{id}(t+1)$——第 $t+1$ 代微粒 i 第 d 维速度；

$v_{id}(t)$——第 t 代微粒 i 的第 d 维速度；

$x_{id}(t+1)$——第 $t+1$ 代微粒 i 第 d 维位置；

w——惯性权重；

α、β、γ——前、中、后期三阶段搜索的切换系数；

c_j、c_g——加速常数；

r_j、r_g——(0, 1) 区间互相独立的随机数。

惯性权重 w 可由下式求得

$$w = w_{\max} - \frac{t}{t_{\max}}(w_{\max} - w_{\min}) \tag{2-7}$$

式中

$w_{\max}$——惯性权重的最大值；

$w_{\min}$——惯性权重的最小值；

$t_{\max}$——最大迭代次数。

前、中、后期三阶段搜索的切换系数 α、β、γ 可分别由下式求得

$$\alpha = \begin{cases} 1 & t < t_1 \\ 0 & \text{其他} \end{cases} \tag{2-8}$$

$$\beta = \begin{cases} 1 & t_1 \leqslant t < t_2 \\ 0 & \text{其他} \end{cases} \tag{2-9}$$

$$\gamma=\begin{cases}1 & t\geqslant t_2\\0 & 其他\end{cases} \tag{2-10}$$

式中

t_1——前期向中期搜索切换时的切换因子；

t_2——中期向后期搜索切换时的切换因子。

对 MFPSO 算法中微粒迭代更新的过程进行形象地描述，如图 2-3 所示。

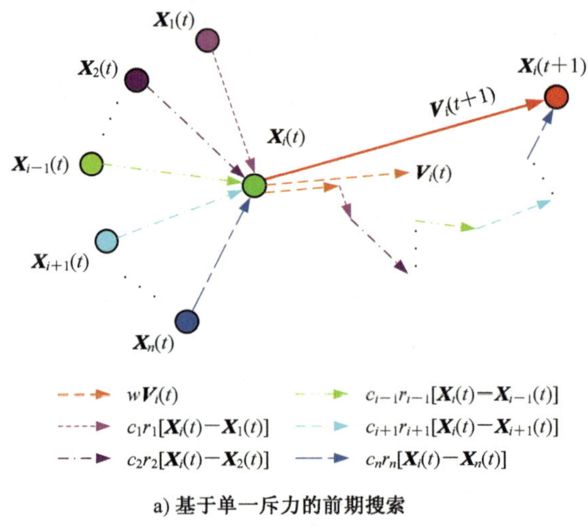

a) 基于单一斥力的前期搜索

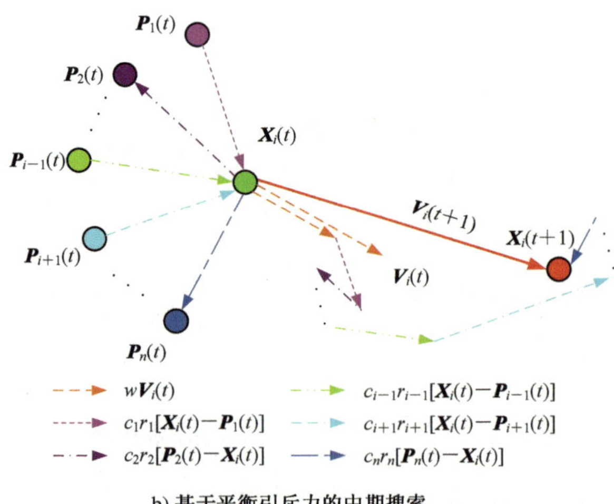

b) 基于平衡引斥力的中期搜索

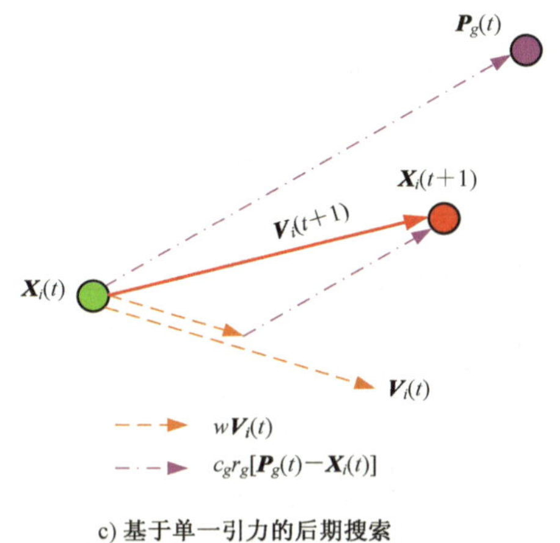

c) 基于单一引力的后期搜索

图 2-3　MFPSO 算法微粒迭代更新的过程

2.2.3　MFPSO 算法的执行步骤

Step1　初始化微粒群:随机初始化微粒的速度和位置,即微粒群中每个微粒的每一维速度和位置分别在$[v_{\min}, v_{\max}]$和$[x_{\min}, x_{\max}]$区间内随机产生;计算微粒的适应度;确定任意微粒 j($\forall j \in N$)的个体最优微粒和全局最优微粒 g。

Step2　基于单一斥力的前期搜索:计算所有微粒对当前微粒 i 的斥力,利用式(2-5)和式(2-6)更新微粒的速度和位置;计算微粒的适应度;更新任意微粒 j 的个体最优微粒和全局最优微粒 g。

Step3　判断前期搜索是否结束,若迭代次数 $t<t_1$,则返回 Step2,否则执行 Step4。

Step4　基于平衡引斥力的中期搜索:计算比微粒 i 适应度好的个体最优微粒对当前微粒 i 的引力和比微粒 i 适应度差的个体最优微粒对当前微粒 i 的斥力,利用式(2-5)和式(2-6)更新微粒的速度和位置;计算微粒的适应度;更新任意微粒 j 的个体最优微粒和全局最优微粒 g。

Step5　判断中期搜索是否结束,若迭代次数 $t<t_2$,则返回 Step4,否则执行 Step6。

Step6　基于单一引力的后期搜索:计算全局最优微粒 g 对当前微粒 i 的引力,利用式(2-5)和式(2-6)更新微粒的速度和位置;计算微粒的适应度;更新任意微粒 j 的个体最优微粒和全局最优微粒 g。

Step7　判断终止条件,若 $t=t_{\max}$,则执行 Step8,否则返回 Step6。

Step8　输出优化结果。

综上所述,MFPSO 算法的流程如图 2-4 所示。

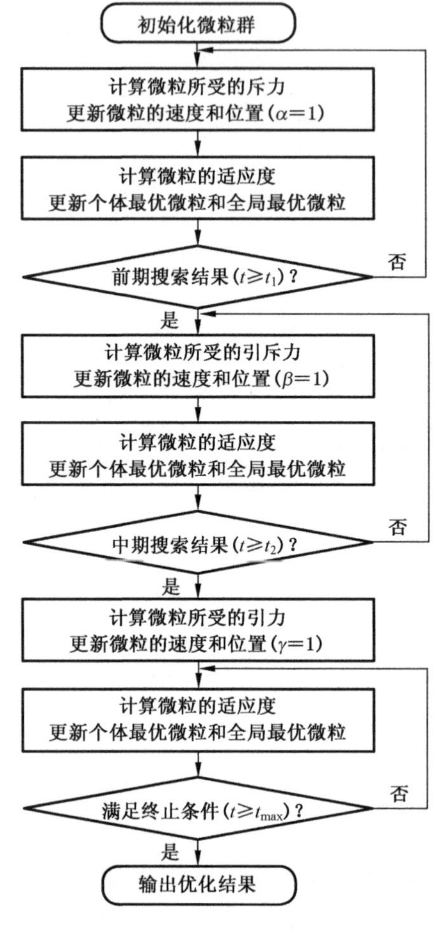

图 2-4　MFPSO 算法流程

2.3　动态拓扑多作用力微粒群算法

微粒群算法的种群拓扑结构表示了整个群体中所有微粒间的连接关系,静态的种群拓扑结构不能反映群体中微粒的动态交互行为,动态种群拓扑结构能较好地反映微粒的动态交互行为,但却忽略了具有不同交互关系的个体所呈现出的进化方式的多样性。为此,首先从自组织网络的角度出发,模拟生物个体趋利避害的行为选择机制,在节点不变边变化的情况下,设计 3 种概率选择机制,构造适应度驱动边变化的拓扑(Fitness-driven Edge-changing, FE)结构;其次,采用结构演化与算法进化同步进行的方式,将 FE 结构与 MFPSO 算法结合,提出动态拓扑多作用力微粒群(Dynamic Topology Multi Force Particle Swarm Optimization, DTMFPSO)算法[80];再次,研究不同概率选择机制对拓扑结构的特征以及 MFPSO 算法性能的影响,给出适合于 MFPSO 算法的最优 FE 结构;最后,通过与 μPSO[81]、MPSO、EPSO、MFPSO 算法比较,对 DTMFPSO 算法的收敛速度和最优解搜索能力进行测试,以验证所提算法的可行性。

2.3.1 适应度驱动边变化的拓扑结构

自然界生物群体中个体都具有趋利避害的本能,它们会趋向群体中的优秀个体,同时远离有害个体。例如,迁徙的鸟群中当一只鸟找到食物源丰富的栖息地时,它周围的其他鸟就会向它趋近并飞向这个栖息地,直到整个鸟群都落在相同的栖息地。显然,这种生物个体被优秀个体吸引并趋向它的行为选择机制对生物群体的生存具有重大意义。对于模拟鸟类群体智能行为的多作用力微粒群算法而言,微粒间的交互行为应该体现个体趋利避害的行为选择机制。从种群拓扑结构的角度看,微粒在这种行为选择机制下选择邻居微粒,将使适应度较好的节点获得更多的连接,而使适应度较差的节点获得较少的连接。

为更加真实地反映微粒间的交互关系,从自组织网络角度出发,模拟生物个体趋利避害的行为选择机制,提出一种动态种群拓扑结构——适应度驱动边变化的拓扑(Fitness-driven Edge-changing, FE)结构:在节点数固定不变的情况下,以微粒适应度驱动边变化,设计概率选择机制进行断边和加边操作,以不断调整种群拓扑结构,使种群中适应度好的节点建立较多的连接,适应度差的节点建立较少的连接。

2.3.1.1 FE 结构演化的步骤

Step1 初始化拓扑结构:在初始化微粒群 S 后,计算每个节点 i 的连接概率 $p_2^i(t)$,在各节点均为孤立点的结构上,应用边增加规则,构建初始的 FE(0)结构,迭代次数 $t=0$。

Step2 计算断边概率 $p_1^{ij}(t)$ 和连接概率 $p_2^i(t)$:算法每完成一次进化后,根据微粒的适应度,计算边 (i,j) 的断边概率 $p_1^{ij}(t)$ 和节点 i 的连接概率 $p_2^i(t)$。

Step3 按照边删除规则删除边:对于 FE(t)结构中的任意一条边 (i,j),依其断边概率 $p_1^{ij}(t)$ 进行边删除操作。

Step4　按照边增加规则增加边：对于 FE(t)结构中的每一个节点 i，仅有一次机会以连接概率 $p_2^i(t)$ 选择另一个节点 j，且当这两个节点 i 和 j 间没有边时，进行边增加操作。

Step5　判断是否满足结束条件，若满足，则停止演化，否则，迭代次数 $t=t+1$，返回 Step2。

2.3.1.2　断边概率和连接概率

由上述结构演化步骤可知，在进行删除边和增加边操作时，首先需要计算边 (i,j) 的断边概率 $p_1^{ij}(t)$ 和节点 i 的连接概率 $p_2^i(t)$，其计算公式为

$$p_2^i(t)=\frac{sort_i(t)}{\sum\limits_{j=1}^{N} sort_j(t)} \tag{2-11}$$

$$p_1^{ij}(t)=\min\left\{\frac{sort_{\mathrm{best}}(t)-sort_i(t)}{sort_{\mathrm{best}}(t)-sort_{\mathrm{worst}}(t)},\frac{sort_{\mathrm{best}}(t)-sort_j(t)}{sort_{\mathrm{best}}(t)-sort_{\mathrm{worst}}(t)}\right\} \tag{2-12}$$

其中，N 为种群规模；$sort_i(t)$、$sort_{\mathrm{best}}(t)$、$sort_{\mathrm{worst}}(t)$ 分别是第 t 代的微粒 i、适应度最好微粒 best、适应度最差微粒 worst 的排名。

微粒排名 $sort_i(t)$ 的计算公式为

$$sort_i(t)=index_i(t) \tag{2-13}$$

其中，$index_i(t)$ 为第 t 代种群中所有微粒按照其适应度从大到小降序排列的序列号，从而适应度差的微粒排在前面，适应度好的微粒排在后面，当微粒适应度相同时，则微粒序号小的排在前面，微粒序号大的排在后面。

2.3.1.3　概率选择机制

上述的边删除和边增加操作分别依据边 (i,j) 的断边概率 $p_1^{ij}(t)$ 和节点 i 的连接概率 $p_2^i(t)$ 来进行的，实现概率选择的方法有很多种，本书采用 3 种常用的方法，设计了以下 3 种概率选择机制，以实现边删除和边增加操作。

1. 随机数比较法

对于 FE(t)结构中的每个节点 i，在边增加规则下，当节点 j 的连接概率 $p_2^j(t) \geq rand$ 且节点 i 和 j 无连接时建立边 (i,j)，$rand$ 为(0, 1)区间均匀分布的随机数；对于 FE(t)结构中的任意一条边 (i,j)，在边删除规则下，当其断边概率 $p_1^{ij}(t) \geq rand$ 时，删除该边。此外，为增强种群拓扑结构的连通性，且种群中任意微粒都必须与其邻居微粒进行信息交流，对于 FE(t)结构中的孤立点，将其与当代适应度最

好的节点连接。

2. 最大概率法

对于 FE(t)结构中的每个节点 i，在边增加规则下，在未与其建立连接的节点中选择连接概率 $p_2^j(t)$ 最大的节点 j 建立边(i,j)；对于 FE(t)结构中与节点 i 连接的所有边，在边删除规则下，当边(i,j)的断边概率 $p_1^{ij}(t)$ 最大时，删除该边。

3. 赌轮法

首先，对各个节点的选择连接概率 $p_2^i(t)$，$i=1,2,\cdots,N$，累积求和得到新的连接概率 $p'^i_2(t)$，$i=1,2,\cdots,N$，对于 FE(t)结构中的每个节点 i，在边增加规则下，当节点 j 未与节点 i 连接，且其连接概率 $p'^j_2(t)\geqslant rand$ 时，选择节点 j 建立边(i,j)，$rand$ 为(0, 1)区间均匀分布的随机数；对 FE(t)结构中与节点 i 连接 m 条边的断边概率 $p_1^{ij}(t)$，$j=1,2,\cdots,m$，累积求和得到新的断边概率 $p'^{ij}_1(t)$，$j=1,2,\cdots,m$，在边删除规则下，当边(i,j)的断边概率 $p'^{ij}_1(t)\geqslant rand$ 时，删除该边。

2.3.2　DTMFPSO 算法

随着算法的进化微粒的适应度是变化的，为了尽可能地模拟微粒间趋利避害的行为选择机制，采用拓扑结构的演化与算法的进化同步进行的方式，将所构造的 FE 结构与 MFPSO 算法结合，提出动态拓扑多作用力微粒群(Dynamic Topology Multi Force Particle Swarm Optimization, DTMFPSO)算法。

DTMFPSO 算法的执行步骤为：

Step1　初始化微粒群：迭代次数 $t=0$，随机初始化微粒的速度和位置，计算微粒的适应度，确定个体最优微粒和全局最优微粒 g。

Step2　初始化种群拓扑结构：根据微粒的适应度，计算每个节点 i 的连接概率 $p_2^i(t)$，在各节点均为孤立点的结构上，应用边增加规则，构建初始的种群结构 FE(0)。

Step3　基于单一斥力规则的前期搜索：计算所有微粒对当前微粒 i 的斥力，利用式(2-5)和式(2-6)更新微粒 i 的速度 $\boldsymbol{V}_i(t)$ 和位置 $\boldsymbol{X}_i(t)$，计算微粒的适应度，更新个体最优微粒和全局最优微粒 g。

Step4　FE(t)拓扑结构的演化：计算断边概率 $p_1^{ij}(t)$ 和连接概率 $p_2^i(t)$，按照边删除的规则进行删除边的操作，按照边增加的规则进行增加边的操作。

Step5　判断前期搜索是否结束，若 $t<t_1$，则返回 Step3，$t=t+1$，否则执行 Step6，$t=t+1$。

Step6　基于平衡引斥力规则的中期搜索：计算比自身适应度好的个体最优微粒对当前微粒 i 的引力和比自身适应度差的个体最优微粒对当前微粒 i 的斥力，利用式(2-5)和式(2-6)更新微粒的速度 $\boldsymbol{V}_i(t)$ 和位置 $\boldsymbol{X}_i(t)$，计算微粒的适应度，更新个体最优微粒和全局最优微粒 g。

Step7　FE(t)拓扑结构的演化：计算断边概率 $p_1^{ij}(t)$ 和连接概率 $p_2^i(t)$，按照边删除的规则进行删除边的操作，按照边增加的规则进行增加边的操作。

Step8　判断中期搜索是否结束，若 $t<t_2$，则返回 Step6，$t=t+1$，否则执行 Step9，$t=t+1$。

Step9　基于单一引力规则的后期搜索：计算全局最优微粒 g 对当前微粒 i 的引力，利用式(2-5)和式(2-6)更新微粒的速度 $\boldsymbol{V}_i(t)$ 和位置 $\boldsymbol{X}_i(t)$，计算微粒的适应度，更新个体最优微粒和全局最优微粒 g。

Step10　FE(t)拓扑结构的演化：计算断边概率 $p_1^{ij}(t)$ 和连接概率 $p_2^i(t)$，按照边删除的规则进行删除边的操作，按照边增加的规则进行增加边的操作。

Step11　终止条件的判断，若 $t=t_{\max}$，则执行 Step12，否则返回 Step9，$t=t+1$。

Step12　输出优化结果。

综上所述，DTMFPSO 算法的流程如图 2-5 所示。

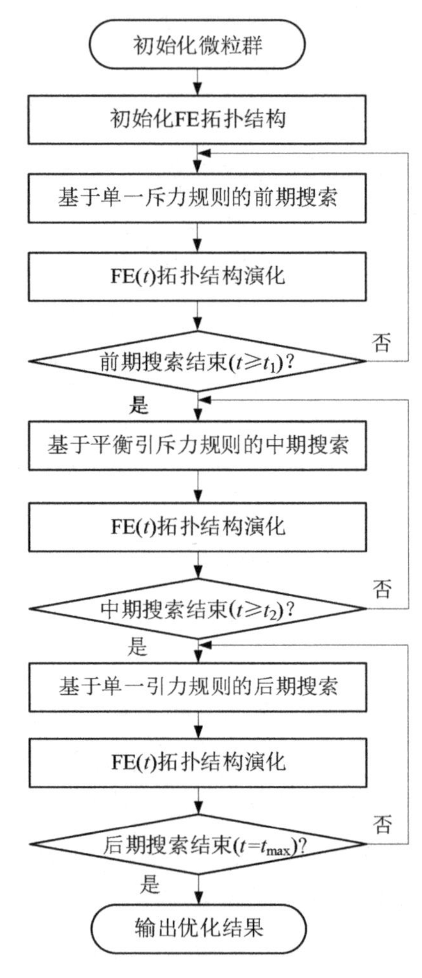

图 2-5　DTMFPSO 算法流程

2.3.3　种群拓扑结构的特征度量

借鉴复杂网络的理论，将种群拓扑结构用一个图来表示并给出其特征度量[82]。将种群拓扑结构抽象为一个由点集 V 和边集 E 组成的图 $G=(V,E)$，图中节点表示微粒，边表示微粒间的连接关系。其中，节点数记为 $N=|V|$，边数记为 $M=|E|$，E 中每条边都有 V 中的一对节点与之对应，如果任意点对 (i,j) 和 (j,i) 对应同一条边，则称该网络为无向网络，其边记为 $(i,$

j)。本书的种群拓扑结构不考虑边的方向性,因此为简单的无向网络,种群拓扑结构的特征度量如下:

1. 度

度被定义为与节点直接相连的其他节点的数目,若有 k_i 个节点与节点 i 直接相连,则节点 i 的度为 k_i。拓扑结构中所有节点的度的平均值称为平均度,记为$\langle k \rangle$,即

$$\langle k \rangle = \frac{1}{N}\sum_{i=1}^{N} k_i \tag{2-14}$$

度是节点简单但却重要的属性,节点的度可以看作是与该节点对应微粒的社会经验信息源的数量,它决定了微粒的社会化程度。节点的度小,表示该节点与其他节点的交流机会较少,则该节点的社会重要度就比较低;节点的度大,表示该节点与其他节点的交流机会较多,则该节点的社会重要度就比较高。一般而言,通过增加拓扑结构的平均度值,可以增加节点获得其他节点信息交流的机会,有利于最优信息的传播。

2. 平均路径长度

在拓扑结构中,两节点 i 和 j 之间的距离 d_{ij} 定义为连接两节点的最短路径所包含的边数,则任意两个节点之间距离的最大值被称为拓扑结构的直径,记为 D,即

$$D = \max_{i,j} d_{ij} \tag{2-15}$$

所有节点之间距离的平均值定义为平均路径长度,记为 L,即

$$L = \frac{2}{N(N-1)}\sum_{i>j} d_{ij} \tag{2-16}$$

由上述定义可知,两节点间的距离描述了节点之间信息传播的长度,影响着信息在拓扑结构中的传播速度,平均路径长度小,则信息的传播速度快。

3. 平均聚类系数

假设拓扑结构中,节点 i 有 k_i 条边将它与其他节点直接相连,则称这 k_i 个节点为节点 i 的邻居。显然,这 k_i 个节点之间最多会存在 $k_i(k_i-1)/2$ 条边。节点 i 的聚类系数 C_i 定义为这 k_i 个邻居节点之间实际存在的边数 E_i 与总的边数 $k_i(k_i-1)/2$ 之比,即

$$C_i = \frac{2E_i}{k_i(k_i-1)} \tag{2-17}$$

从几何角度来看,上式可等价于

$$C_i = \frac{N_1}{N_2} \tag{2-18}$$

其中,N_1 为包含节点 i 的三角形的数量;N_2 为包含节点 i 的三元组的数量。这里包含节点 i 的三元组是指由节点 i 及它的两个邻居组成的如图 2-6 所示的图形。

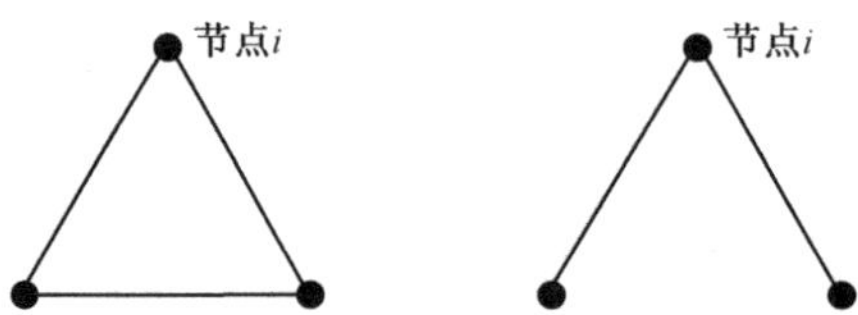

图 2-6　与节点 i 相连的三元组

所有节点的聚类系数的平均值称为平均聚类系数,记为 C,即

$$C = \frac{1}{N}\sum_{i=1}^{N} C_i \tag{2-19}$$

很显然,平均聚类系数 C 的取值范围为:$0 \leqslant C \leqslant 1$,当且仅当所有节点均为孤立点时,$C=0$ 表示节点间不存在任何连接;当且仅当所有节点全连接时,$C=1$ 表示任意两个节点都是直接相连的。聚类系数是用于表示拓扑结构中节点互为邻居的衡量指标。聚类系数大,说明节点之间的连接紧密,信息传播速度较快。

2.3.4　概率选择机制对拓扑结构特征和算法性能的影响

FE 结构中边删除和边增加操作都是依据概率来实现的,由此可见,概率选择机制控制了 FE 结构演化过程中边增加和边删除的速度,不同的选择机制会产生具有不同特征的 FE 结构,进而影响算法的性能。而合适的概率选择机制可以保持 FE 结构演化过程中边增加和边删除之间的平衡,从而使得 MFPSO 算法在全局探索性搜索和局部精细化搜索之间保持平衡,进而在保证收敛速度的情况下,提高算法的优化性能,以获得较好的全局最优解。

为此,下面就随机数比较法、最大概率法、赌轮法这 3 种概率选择机制,测试分析其对 FE 结构的特征和 MFPSO 算法性能的影响,根据所得结果给出适合于 MFPSO 算法的最优的 FE 结构。

2.3.4.1　对 FE 结构特征的影响

在随机数比较法、最大概率法、赌轮法这 3 种概率选择机制下,采用测试函数 $f_1(x)$ 来测试分析上述 3 种概率选择机制对所提的 FE 结构特征的影响。MFPSO 算法的参数设置如下:种群规模 $N=20$、函数维数 $n=N$、最大迭代次数 $t_{max}=500$、切换

因子 $t_1=50$、$t_2=350$，惯性权重 $w=0.9\sim0.4$，加速常数 $c=1.49$。

在不同概率选择机制下，FE 结构的特征度量的动态变化过程如图 2-7 所示。

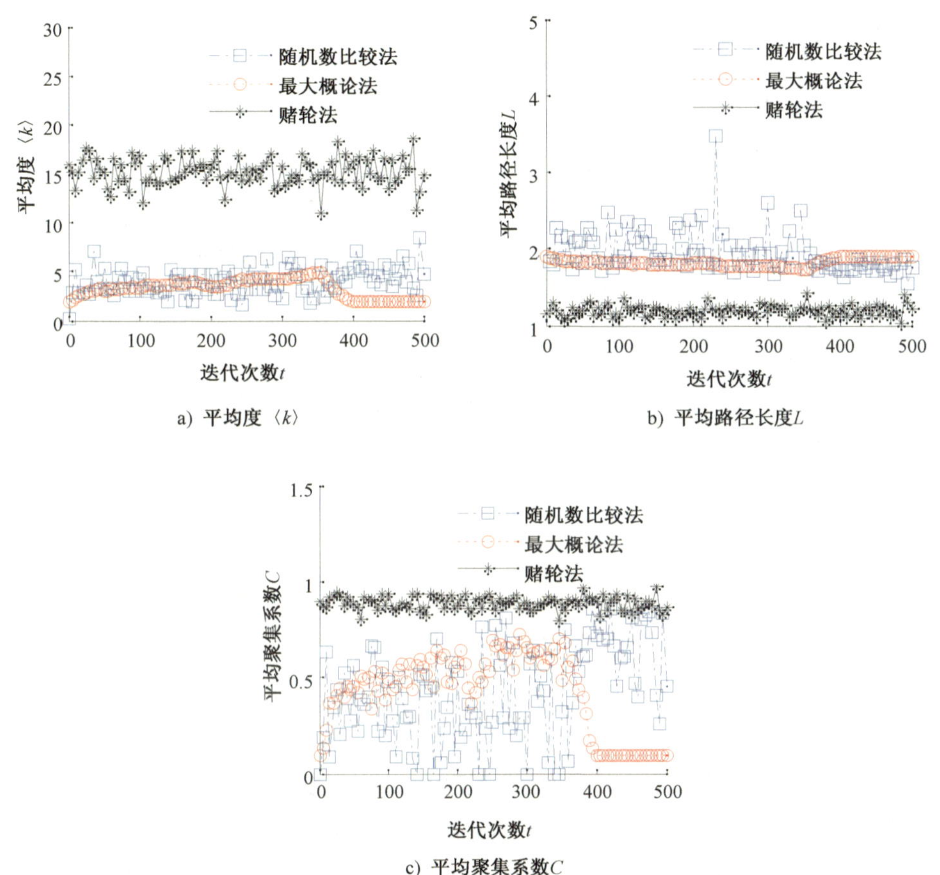

a) 平均度〈k〉　　b) 平均路径长度L　　c) 平均聚集系数C

图 2-7　FE 结构特征度量的动态变化过程

为了观察不同概率选择机制下，种群中其他节点度的变化情况，给出了在 FE 结构演化的第 50、第 350、第 500 代时各节点的度分布，这里用不同度值的节点个数来表示，如图 2-8 所示。

由图 2-8 可知，在随机数比较法和最大概率法选择机制下，FE 结构中度小的节点较多，仅存在少量的度较大的节点，随着迭代次数的增加，FE 结构中度较大的节点增多，但在搜索后期结构中度较小的节点仍居多；在赌轮选择机制下，FE 结构中度较大的节点居多，且随着迭代次数的增加，节点的度也随着增加，在搜索后期结构中各节点的度比较平均且度值均较大。

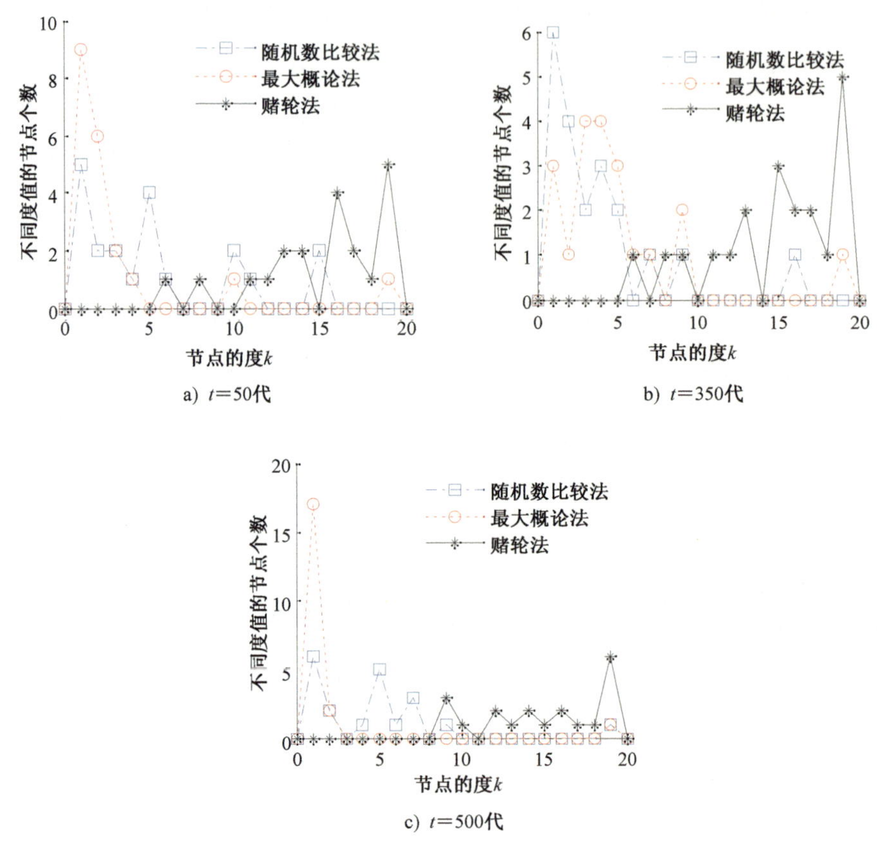

a) $t=50$代

b) $t=350$代

c) $t=500$代

图 2-8 FE 结构演化不同代时各节点度的分布

综上可知,与随机数比较法和最大概率法相比,在赌轮法选择机制下,FE 结构具有最大的平均度、最小的平均路径长度和最大的平均聚类系数,结构中各节点的度分布均匀且度值较大。这表明在赌轮法选择机制作用下,可使得连接概率较小的节点以较大的概率获得连接,即适应度较差的节点以较大的概率获得连接,边增加的速度大于边删除的速度,使得结构的度增长较快,从而使其平均度较大,而平均路径长度较小和平均聚类系数较大。

在最大概率法选择机制下,FE 结构在算法搜索后期的平均度最小、平均路径长度最大、平均聚类系数最小,大多数节点的度为 1,这说明在算法搜索后期微粒都以较大的概率和适应度最好的微粒连接,从而使得结构中适应度最好的微粒的度最大,而大多数微粒的度均较小。

在随机数比较法下,FE 结构的平均度最小、平均路径长度最大、平均聚类系数最小,各节点的度较小,且整个迭代过程中结构的平均度、平均路径长度、平均聚类系数随迭代次数的增加变化幅度最大,这说明采用随机数比较法使得连接概率较大的节点未获得连接,而断边概率较大的边未断开,从而使得拓扑结构特征变化较大。

2.3.4.2　对算法性能的影响

为测试上述 3 种选择机制对 MFPSO 算法性能的影响,采用测试函数 $f_1(x)$ ~ $f_8(x)$ 进行测试,MFPSO 算法的参数设置与 2.3.4.1 相同,则算法独立运行 30 次,不同概率选择机制下各测试函数的平均值和标准差如表 2-1 所示。

表 2-1　各测试函数的平均值和标准差

函数	随机数比较法		最大概率法		赌轮法	
	平均值	标准差	平均值	标准差	平均值	标准差
$f_1(x)$	7.39E+2	4.58E+2	5.05E+2	5.67E+2	**2.87E−3**	**8.59E−3**
$f_2(x)$	3.04E+5	4.58E+5	8.93E+4	1.56E+5	**2.83E−2**	**8.06E−2**
$f_3(x)$	5.69E0	3.65E0	4.75E0	3.82E0	**3.67E−4**	**1.34E−3**
$f_4(x)$	4.97E0	2.15E0	3.64E0	1.93E0	**1.19E−2**	**2.87E−2**
$f_5(x)$	4.09E+1	2.25E+1	4.38E+1	2.1E+1	**8.44E−4**	**2.66E−3**
$f_6(x)$	7.94E+2	1.92E+3	9.91E+2	3.96E+3	**1.54E−6**	**5.14E−6**
$f_7(x)$	1.15E+3	3.53E+3	8.31E+2	3.09E+3	**2.96E−5**	**7.87E−5**
$f_8(x)$	−8 040.71	1.98E+2	−8 123.59	2.08E+2	**−8 379.47**	**3.77E−1**

注:加黑的数据表示最佳结果,下同。

由表 2-1 可知,对于测试函数 $f_1(x)$ ~ $f_8(x)$ 在赌轮法选择机制下,MFPSO 算法所得的平均值和标准差均最小,算法性能最优。这说明在赌轮法选择机制下,FE 结构的平均度大、平均路径长度小、平均聚类系数大,微粒受到较多微粒的引斥力作用,种群社会化程度高,信息传播速度快,从而使得算法优化性能最优。

综上所述,在随机数比较法和最大概率法选择机制下,FE 结构类似于星形结构,结构中大部分节点的度较小,并且与适应度最好的节点连接,度较小的这些节点所对应的微粒受到较少微粒的吸引和排斥作用,能快速地向适应度最好的微粒聚集,MFPSO 算法收敛速度较快,但易陷入局部最优;在赌轮法选择机制下,FE 结构类似于全连接型结构,FE 结构的平均度大、平均路径长度小、平均聚类系数大,结构中存在大量度较大的节点,与这些节点相应的微粒受到较多微粒的吸引和排斥作用,使得其向适应度最好的微粒聚集速度变得缓慢,因而呈现出较好的种群多样性,同时种群社会化程度高,信息传播速度快,较好地兼顾了种群多样性和收敛速度的要求,使得 MFPSO 算法表现出较佳的优化性能。

2.3.4.3 最优的 FE 结构

由上述内容可知,MFPSO 算法在赌轮法选择机制下优化性能表现最佳,考虑适合于 MFPSO 算法的拓扑结构应具有较大的平均度、较小的平均路径长度、较大的平均聚类系数。为研究适合于 MFPSO 算法的最优的 FE 结构,提出改进赌轮法选择机制:将 FE 结构初始化为全连接型拓扑结构,采用赌轮法概率选择机制进行结构演化,以使微粒间的连接紧密,加快信息的传播速度,同时兼顾种群多样性要求,提高 MFPSO 算法的优化性能。

为测试上述改进赌轮法选择机制的有效性,与 2.3.5.2 节的测试结果对比,采用相同的测试函数,相同的参数设置,算法独立运行 30 次,在不同概率选择机制下,各测试函数的平均值和标准差如表 2-2 所示。

表 2-2 各测试函数的平均值和标准差

函数	随机数比较法		最大概率法		赌轮法		改进赌轮法	
	平均值	标准差	平均值	标准差	平均值	标准差	平均值	标准差
$f_1(x)$	7.39E+2	4.58E+2	5.05E+2	5.67E+2	2.87E−3	8.59E−3	**4.57E−4**	**1.55E−3**
$f_2(x)$	3.04E+5	4.58E+5	8.93E+4	1.56E+5	2.83E−2	8.06E−2	**6.82E−3**	**3.61E−2**
$f_3(x)$	5.69E0	3.65E0	4.75E0	3.82E0	**3.67E−4**	**1.34E−3**	1.64E−3	8.85E−3
$f_4(x)$	4.97E0	2.15E0	3.64E0	1.93E0	1.19E−2	2.87E−2	**5.85E−4**	**1.41E−3**
$f_5(x)$	4.09E+1	2.25E+1	4.38E+1	2.1E+1	8.44E−4	2.66E−3	**4.60E−4**	**1.71E−3**
$f_6(x)$	7.94E+2	1.92E+3	9.91E+2	3.96E+3	1.54E−6	5.14E−6	**2.41E−14**	**9.36E−14**
$f_7(x)$	1.15E+3	3.53E+3	8.31E+2	3.09E+3	2.96E−5	7.87E−5	**6.90E−6**	**3.38E−5**
$f_8(x)$	−8 040.71	1.98E+2	−8 123.59	2.08E+2	**−8 379.47**	**3.77E−1**	−8 378.98	2.66E0

由表 2-2 可知,改进赌轮法选择机制下,除了测试函数 $f_3(x)$ 和 $f_8(x)$,MFPSO 算法所得结果最优,赌轮法选择机制下算法所得结果次之,对于函数 $f_3(x)$ 和 $f_8(x)$ 赌轮法选择机制下算法所得结果最优,改进赌轮法选择机制下算法所得结果次之。这说明采用改进赌轮法选择机制产生 FE 结构为适合于 MFPSO 算法的最优种群拓扑结构,在此动态拓扑结构下,MFPSO 算法的优化性能得到了进一步提高。

2.3.5　动态拓扑多作用力微粒群算法性能测试

为测试动态拓扑多作用力微粒群算法的优化性能，将上述最优的 FE 结构与 MFPSO 算法结合，采用 8 个测试函数 $f_1(x)$ ~$f_8(x)$，通过与 μPSO、MPSO、EPSO、MFPSO 算法比较，对各算法的收敛速度和最优解搜索能力进行测试。

2.3.5.1　收敛速度测试

为测试 DTMFPSO 算法的收敛速度，将其与标准 PSO、μPSO、MPSO、EPSO、MF-PSO 算法比较，为了尽可能地在相同条件下进行比较，各算法的采用相同的参数设置如表 2-3 所示。

表 2-3　5 种算法的参数设置

参数	μPSO	MPSO	EPSO	MFPSO	DTMFPSO
加速常数 c	1.49	1.49	1.49	1.49	1.49
最大惯性权重 w_{max}	0.9	0.9	0.9	0.9	0.9
最小惯性权重 w_{min}	0.4	0.4	0.4	0.4	0.4
切换因子 t_1	—	—	—	1 000	1 000
切换因子 t_2	—	—	—	7 000	7 000
初始缩放因子 $\rho(0)$	1	—	—	—	—
成功计数器上限值 s_c	3	—	—	—	—
失败计数器上限值 f_c	3	—	—	—	—
排斥系数 δ	0.2	—	—	—	—
排斥力强度参数 σ	21	—	—	—	—
最大迭代次数 t_{max}	10 000	10 000	10 000	10 000	10 000
种群规模 N	10	10	10	10	10

由于函数 $f_4(x)$ 和 $f_8(x)$ 具有大量的局部极值点，使得算法易陷入局部最优，很难找到全局最优解，故将其绝对误差 e 分别设为 $e=10^{-10}$ 和 $e=10^{-3}$，其他函数的绝对误差均设为 $e=10^{-20}$，当算法搜索到的全局最优解在函数理论最优解的误差范围内时，认为找到可接受解，停止搜索。上述 5 种算法独立运行 30 次，则各算法搜索到各函数可接受解所需的平均值迭代次数如表 2-4 所示。

表 2-4　各算法所需的平均迭代次数

函数	μPSO	MPSO	EPSO	MFPSO	DTMFPSO
$f_1(x)$	10 000	**256**	10 000	7 096	7 076
$f_2(x)$	10 000	10 000	10 000	**7 094**	7 119
$f_3(x)$	10 000	**215**	10 000	7 074	7 071
$f_4(x)$	10 000	**231**	10 000	7 068	7 015
$f_5(x)$	10 000	**224**	10 000	7 073	7 065
$f_6(x)$	10 000	10 000	10 000	7 111	7 097*
$f_7(x)$	10 000	10 000	10 000	**7 078**	7 092
$f_8(x)$	1 051	10 000	7 035	**1 520**	592

由表 2-4 可知，对于函数 $f_1(x)$、$f_3(x)$ ~ $f_5(x)$，MPSO 算法的收敛速度最快，DTMFPSO 算法次之，除了函数 $f_2(x)$ 和 $f_7(x)$，DTMFPSO 算法的收敛速度快于 MFPSO 算法；对于函数 $f_1(x)$ ~ $f_8(x)$，DTMFPSO 算法和 MFPSO 算法均能在给定的最大迭代次数（$t_{max}=10\ 000$）内找到各函数的可接受解，而 μPSO、EPSO 算法除函数 $f_8(x)$ 外，在最大迭代次数内都未找到函数的可接受解，MPSO 算法在最大迭代次数内未找到函数 $f_2(x)$、$f_6(x)$ ~ $f_8(x)$ 的可接受解。这说明相比 μPSO、EPSO 算法，MFPSO、DTMFPSO 算法具有较快的收敛速度，MPSO 算法虽具有较快的收敛速度，但其容易陷入局部最优而找不到函数的可接受解，其中，DTMFPSO 算法的收敛速度要快于 MFPSO 算法，由此可见，FE 结构提高了 MFPSO 算法的收敛速度。

2.3.5.2　最优解搜索能力测试

采用平均值、标准差和成功率一起来评价算法的最优解搜索能力，为了尽可能地在相同条件下进行比较，令各算法的参数设置相同，则 μPSO、MPSO、EPSO、MFPSO、DTMFPSO 算法参数设置如表 2-5 所示。上述 5 种算法独立运行 30 次，各测试函数的平均值、标准差、成功率如表 2-6 所示。

表 2-5　5 种算法的参数设置

参数	μPSO	MPSO	EPSO	MFPSO	DTMFPSO
加速常数 c	1.49	1.49	1.49	1.49	1.49
最大惯性权重 w_{max}	0.9	0.9	0.9	0.9	0.9
最小惯性权重 w_{min}	0.4	0.4	0.4	0.4	0.4
切换因子 t_1	—	—	—	50	50

续表 2-5

参数	μPSO	MPSO	EPSO	MFPSO	DTMFPSO
切换因子 t_2	—	—	—	350	350
初始缩放因子 $\rho(0)$	1	—	—	—	—
成功计数器上限值 s_c	3	—	—	—	—
失败计数器上限值 f_c	3	—	—	—	—
排斥系数 δ	0.2	—	—	—	—
排斥力强度参数 σ	21	—	—	—	—
最大迭代次数 t_{max}	500	500	500	500	500
种群规模 N	10	10	10	10	10
绝对误差 e	10^{-15}	10^{-15}	10^{-15}	10^{-15}	10^{-15}

表 2-6　各测试函数平均值、标准差、成功率

测试函数		$f_1(x)$	$f_2(x)$	$f_3(x)$	$f_4(x)$	$f_5(x)$	$f_6(x)$	$f_7(x)$	$f_8(x)$
μPSO	平均值	5.31E-2	3.23E-1	2.05E-2	3.19E-2	1.11E-2	1.51E-4	2.33E-3	-4189.79
	标准差	1.06E-2	4.34E-1	2.55E-2	2.76E-2	2.06E-2	3.40E-4	3.12E-3	5.45E-2
	成功率	0%	0%	0%	0%	0%	0%	0%	67%
MPSO	平均值	1.30E-46	8.95E0	**0**	**8.88E-16**	**0**	2.25E-6	5.97E-1	-1801.53
	标准差	1.68E-46	2.40E-2	**0**	**0**	**0**	5.05E-6	1.92E-1	3.67E+2
	成功率	100%	0%	100%	100%	100%	33%	0%	0%
EPSO	平均值	3.87E-2	1.04E0	5.17E-2	7.15E-2	5.58E-2	1.94E-4	8.03E-3	-4189.70
	标准差	6.38E-2	2.19E0	6.62E-2	9.27E-2	1.59E-2	3.57E-4	1.18E-2	1.49E-1
	成功率	0%	0%	0%	0%	0%	33%	0%	67%
MFPSO	平均值	1.06E-46	4.90E-5	**0**	**8.88E-16**	**0**	5.35E-7	5.96E-6	-4189.82
	标准差	2.38E-47	1.63E-4	**0**	**0**	**0**	2.93E-6	3.20E-5	8.40E-3
	成功率	100%	87%	100%	100%	100%	97%	87%	100%
DTMF-PSO	平均值	**3.59E-47**	**4.91E-6**	**0**	**8.88E-16**	**0**	**4.09E-16**	**8.38E-10**	**-4189.83**
	标准差	**8.82E-48**	**1.75E-5**	**0**	**0**	**0**	**1.2E-15**	**3.27E-9**	**5.08E-3**
	成功率	100%	77%	100%	100%	100%	100%	93%	100%

由表 2-6 可知，对于函数 $f_3(x) \sim f_5(x)$，MPSO、MFPSO、DMFPSO 算法所得结果一样均最优，对于函数 $f_1(x) \sim f_8(x)$，DTMFPSO 算法所得结果最优，MFPSO 算法次之。这说明相比 μPSO、EPSO、MPSO 算法，MFPSO、DTMFPSO 算法具有较强的最优解搜索能力，其中，DTMFPSO 算法的最优解搜索能力优于 MFPSO 算法，由此可

见,采用 FE 结构的演化与 MFPSO 算法的进化同步进行的方式,很好地模拟了生物个体趋利避害的行为,不仅提高了算法的最优解搜索能力,同时还兼顾了算法的收敛速度,使得 MFPSO 算法的优化性能得到了进一步提升。

本节从自组织网络的角度出发,模拟生物群体趋利避害的行为选择机制,构造了适应度驱动边变化的拓扑结构,并将所构造的 FE 结构与 MFPSO 算法结合,提出了结构演化与算法进化同步进行的动态拓扑多作用力微粒群算法。首先,设计了 3 种概率选择机制,通过测试分析了不同概率选择机制对 FE 结构特征以及 MFPSO 算法性能的影响,并给出适合于 MFPSO 算法的最优的 FE 结构,即将 FE 结构初始化为全连接型拓扑结构,采用赌轮法概率选择机制进行结构演化;其次,通过与标准 PSO、μPSO、MPSO、EPSO、MFPSO 算法比较,对 DTMFPSO 算法的收敛速度和最优解搜索能力进行测试,测试结果表明 DTMFPSO 算法的收敛速度和最优解搜索能力相比其他算法最优,MFPSO 算法次之,从而验证了所提算法的可行性。所提的适应度驱动边变化的拓扑结构为微粒群算法种群结构的研究提供了一条新的研究思路,对提高微粒群算法性能具有非常重要的作用。

2.4 膜计算多粒子群算法

膜计算是欧洲科学院院士 Păun 在 2000 年提出的[83],也被称为 P 系统。膜计算是从多种生物膜的功能和结构中抽象出的一些最基本的特征而构成的计算模型,其三大关键组成部分为:膜的层次结构、表示对象的多重集和进化规则集,是具有极大并行性、分布式和非确定性的计算模型[84-85]。膜计算可以分别与遗传算法[86]、鱼群算法[87]等算法结合以提高算法性能。膜计算理论被众多学者研究和应用,文献[88]提出一种基于膜计算的扩散优化算法(MC-DOA)。该算法受到叶绿体和线粒体双膜细胞结构以及粒子扩散现象的启发,利用一个混合膜结构系统和四种不同的粒子搜索策略来寻找全局最优值,算法被应用到船舶螺旋桨参数优化设计中;文献[89]将标准 PSO 算法放入五个膜内,其中的三个参照膜进行空间的全局搜索,以便于找到最优解所在的区域,一个主膜被用于在确定最优解所在的区域后进行精细化的寻优,一个表层膜吸收被主膜排出的粒子,最后通过膜区域之间信息交流寻找最优解。

现有膜计算与粒子群结合的算法,采用的膜间交流形式和膜内粒子群算法较单一,搜索机制、寻优能力还有不足,因此有必要进一步研究膜计算与粒子群算法结合产生综合寻优能力更强的算法。为此,将经典 PSO、改进 PSO 等六种有代表性的粒子群算法放入六个膜内,利用膜计算的分布并行性,提出膜计算多粒子群(Membrane Computing Multi PSO,MC-MPSO)算法[90];然后,通过测试函数并与其他算法进行比较,证明 MC-MPSO 算法对不同类型优化问题的适用性。

MC-MPSO 算法的思想是:将原始 PSO、标准 PSO、MPSO、EPSO、MFPSO 和 TF-PSO 六种具有不同优点的粒子群算法分别放入六个基本膜内,进化前期每种粒子群算法按照自身的搜索机制,即基本膜自己壮大来充分发挥每个膜内算法的优点;进化后期各个膜内算法与比自己好的膜内的最优解粒子进行交流,通过载体综合各个基本膜共同完成寻优任务,表层膜逐渐排除搜索能力差的膜,使得最适合解这种问题的膜长大并输出。

2.4.1　膜间交流机制

如图 2-9 所示,MC-MPSO 算法中将六种具有不同优点的粒子群算法经过调整分别放入六个基本膜内,包括:适合解对称函数问题且运行时间较短的原始 PSO 算法[8]和标准 PSO 算法[64],适合解复杂非线性多峰函数问题的 MPSO 算法[70],适合解具有多个局部极小点的多峰问题的 EPSO 算法[77],适合解复杂多模态问题的 MFPSO 算法[78],以及能提高复杂多峰问题收敛精度的 TFPSO 算法[79]。原始 PSO 能提高算法的随机性和多样性;标准 PSO 随着迭代次数变化的惯性权重,能提高整体运算效果;引用 MPSO 算法以利用其较高的寻优收敛速度;EPSO 算法收敛解的稳定性较好;MFPSO 算法在解决种群维数较高的问题上具有很大优势;TFPSO 算法按照进化停滞次数阈值进行区分两个阶段,深化算法的局部精细化搜索,提高收敛速度。

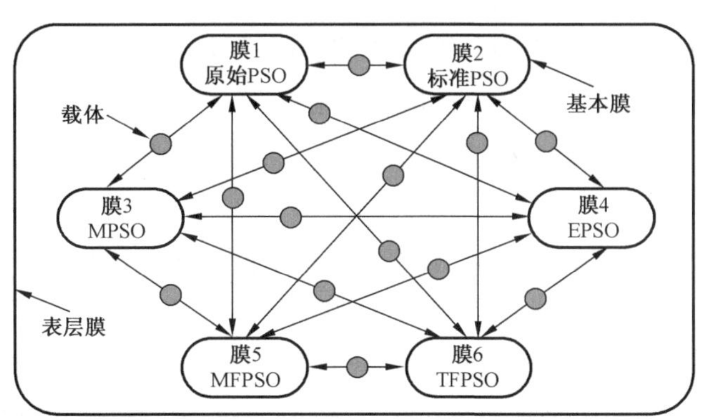

图 2-9　MC-MPSO 算法的膜组成示意图

MC-MPSO 算法前期每种粒子群算法按照自身机制进行搜索寻优,即基本膜充分发挥膜内算法的优势;后期每个细胞膜在细胞中并不是独立存在,而是与其他细胞膜相互借鉴优势,以便更好地发展自己。用全连接型拓扑结构,将各基本膜两两相连,每个膜内的粒子都能共享整个群体的经验信息。全连接型拓扑结构可以充分利用多个膜的信息,但是计算时间较长。另外,如果一个膜一直同时受到几个膜的能量影响则不能有效吸收每个膜的能量,即粒子一直同时受到多个方向的力作用,其合力会消弱单个力的优势。为此,对全连接型拓扑结构进行改进,提出膜间载体交流的质数拓扑结构,通过表 2-7 所示的质数设置方法对全连接结构进行连接取舍,以选取符合条件的膜来进行交流。

表 2-7　质数设置方法

质数分布	膜 1	膜 2	膜 3	膜 4	膜 5	膜 6
膜 1	—	7	5	3	2	11
膜 2	11	—	7	5	3	2
膜 3	2	11	—	7	5	3
膜 4	3	2	11	—	7	5
膜 5	5	3	2	11	—	7
膜 6	7	5	3	2	11	—

在表 2-7 中,质数设置表的读取方式为:①如果进化代数不能被表 2-7 中质数整除,例如 1、13、17 等,则直接跳入下一代,进化代数加 1;②如果进化代数只能被其中一个质数整除,例如进化代数为 3,则膜 1 和膜 4 交流、膜 2 和膜 5 交流、膜 3 和膜 6 交流;③如果进化代数能被多个质数整除,例如进化代数为 30,可以被质数 2、3、5 整除,则相应多个膜间进行两两交流。所设计的上述膜间交互方式,计算效率优于全连接方式,同时,各个膜在迭代过程中,有时与一个膜交流,有时与多个膜交流,相对于只与一个膜交流或是一直与多个膜交流,进化速度加快,体现了动态拓扑的思想。

在算法进化后期,满足表 2-7 的拓扑质数条件的两膜进行交流,应用表 2-7 质数设置表将同时来的能量选择性吸收。同时,满足单个膜进化停滞次数时也进行膜间交流。采用智能的动态切换条件,单个膜本身的搜索机制运行可能比受到其他膜的交流效果更好,或是受到几次交流之后自身的搜索机制更占优势,引入算法

进化停滞次数 g 为阈值,作为膜间是否交流的切换依据,即膜内按照自身搜索机制已经连续达到 g 代数没有更新时,则受其他膜传过来的载体进行交流。针对 MC-MPSO 算法单个膜可能出现的停滞现象,用其他膜来影响它,更强调群体内部个体之间的协同与合作,这种结构的 MC-MPSO 算法具有自适应性能。

以两个不同膜 k 和膜 h 间、两个不同粒子 i 和粒子 j 间交流为例,MC-MPSO 算法进化规则为:①选择规则,算法每个膜会选择各自膜内当代适应值最好的粒子迭代到下步运算,算法后期会对膜间交流的次数进行排序,选择被交流次数少的膜以便淘汰;②胞外分泌规则 $[[i]_k]_h \to [j]_k[\ ]_h$,即在算法后期表层膜将达到催化剂要求的膜进行淘汰;③入规则 $i[\ ]_k \to [j]_k$,表示 i 被复制成 j,进入膜内;④出规则 $[i]_k \to j[\ ]_k$,表示 i 被复制成 j,输出膜;⑤膜溶解规则 $[i]_k \to j$,在 MC-MPSO 算法中表示基本膜被溶解,膜内粒子直接作为结果输出;⑥对运输规则 $(i, \mathrm{in}; j, \mathrm{out})$,表示在同一时间 i 进入膜,j 退出膜;⑦$Qi \to Qj$ 表示催化剂的应用,即在催化剂 Q 的作用下 i 才进化成 j,但 Q 本身不发生变化。

当载体运输的最优粒子被检测到比本膜内最优解好,且满足上述两个条件时,则载体内粒子 j 对即将比较的膜内粒子 i 进行能量 e 转移,粒子能量 e 转移公式为

$$e = p_{jd}(t) - x_{id}(t) \tag{2-20}$$

其中,$x_{id}(t)$、$p_{jd}(t)$ 分别为粒子 i、个体最优粒子 j 第 d 维在第 t 代的位置。

MC-MPSO 算法中,两个不同膜 k 和膜 h 间的载体为载体 z_{kh} 或 z_{hk},z_{kh} 表示膜 k 对膜 h 的载体,z_{hk} 表示膜 h 对膜 k 的载体,其中 $k, h = 1, 2, \cdots, 6$。膜间的载体运转如式(2-21)~(2-23)所示:

$$V_{z_{kh}} = s_k c_{kh} r_{kh} [p_{kid}(t) - x_{hid}(t)] \tag{2-21}$$

$$V_{z_{hk}} = s_k c_{kh} r_{kh} [p_{hid}(t) - x_{kid}(t)] \tag{2-22}$$

$$V_h = \sum_{k \neq h} V_{z_{kh}} \tag{2-23}$$

式中

$V_{z_{kh}}$、$V_{z_{hk}}$——膜 k 通过载体对膜 h 的能量影响和膜 h 通过载体对膜 k 的能量影响;

V_h——基本膜 h 内受到的膜间力;

$p_{kid}(t)$、$p_{hid}(t)$——膜 k、h 内粒子的第 d 维在第 t 代的个体历史最优位置;

$x_{kid}(t)$、$x_{hid}(t)$——膜 k、h 内粒子 i 的第 d 维在第 t 代的位置;

s_k——膜间交流因子;

c_{kh}——加速常数；

r_{kh}——(0，1)区间的随机数。

特别的，载体携带粒子比膜内最优粒子优则 s_k 为 1，否则为 0。

各个膜间每一次交流都被记录，即给每个膜分配一个记忆因子，每次能量转移一次将相应被吸收的膜对应的记忆因子累加一次，根据后期膜间交流的次数达到催化剂要求(即分别迭代 t_1、t_2、t_3、t_4、t_5 代)时，记忆因子进行排序，选择最小的值相对应的膜进行表层膜的胞外分泌规则，即将消除膜，直至剩下最后一个膜。

2.4.2 膜内粒子更新机制

膜 1 内原始 PSO 算法的速度和位置更新公式如式(2-24)、(2-25)所示：

$$v_{1id}(t+1)=v_{1id}(t)+c_1r_1[p_{1id}(t)-x_{1id}(t)]+c_2r_2[p_{1gd}(t)-x_{1id}(t)]+c_3V_1 \tag{2-24}$$

$$x_{1id}(t+1)=x_{1id}(t)+v_{1id}(t+1) \tag{2-25}$$

式中

c_1、c_2、c_3——加速常数；

r_1、r_2——(0,1)区间的随机数；

$v_{1id}(t)$、$v_{1id}(t+1)$——膜 1 内粒子 i 第 d 维在第 t、$t+1$ 代的速度；

$p_{1gd}(t)$——膜 1 内第 d 维在第 t 代全局历史最优粒子的位置。

膜 2 内标准 PSO 算法的位置更新公式与膜 1 的位置更新公式相同，速度更新公式如式(2-26)所示：

$$v_{2id}(t+1)=w_1v_{2id}(t)+c_1r_1[p_{2id}(t)-x_{2id}(t)]+c_2r_2[p_{2gd}(t)-x_{2id}(t)]+c_3V_2 \tag{2-26}$$

式中

w_1——惯性权重，$w_1=w_{\min}\left(\dfrac{w_{\max}}{w_{\min}}\right)^{\left(1+\frac{t}{t_{\max}}\right)}$；

$w_{\min}$、$w_{\max}$——最小、最大惯性权重；

$t_{\max}$——最大迭代次数；

$v_{2id}(t)$、$v_{2id}(t+1)$——膜 2 内粒子 i 第 d 维在第 t、$t+1$ 代的速度；

$p_{2gd}(t)$——膜 2 内第 d 维在第 t 代全局历史最优粒子的位置。

膜 3 内 MPSO 算法引入加速因子 $a_i(t)$ 以提高全局搜索能力

$$a_i(t)=\frac{A_i(t)}{\sum\limits_{j=1}^{N}A_j(t)} \tag{2-27}$$

其中，$A_i(t)$ 由下式求得

$$A_i(t)=\frac{fit_i(t)-\max(fit_i(t))}{\text{median}(fit_i(t))-\max(fit_i(t))} \tag{2-28}$$

其中，$fit_i(t)$ 为粒子 i 的适应值；$\max(fit_i(t))$、$\text{median}(fit_i(t))$ 分别为 $fit_i(t)$ 的最大值和中值。

MPSO 算法的速度和位置的更新公式如下：

$$\begin{aligned} v_{3id}(t+1)=v_{3id}(t)+a_i[r_1(p_{3id}(t)-p_{md}(t)-\\ x_{3id}(t))+r_2(p_{3gd}(t)-p_{md}(t)-x_{3id}(t)]+c_3V_3 \end{aligned} \tag{2-29}$$

$$\begin{aligned} x_{3id}(t+1)=x_{3id}(t)+v_{3id}(t+1)+\\ \frac{1}{2}[r_1\cdot(p_{3id}(t)-x_{3id}(t))+r_2(p_{3gd}(t)-x_{3id}(t))] \end{aligned} \tag{2-30}$$

其中，$v_{3id}(t)$、$v_{3id}(t+1)$ 分别为膜 3 内粒子 i 第 d 维在第 t、$t+1$ 代的速度；$p_{md}(t)$ 为粒子的第 d 维在第 t 代的中间位置；$p_{3gd}(t)$ 为膜 3 内第 d 维在第 t 代全局历史最优粒子的位置。

膜 4 内 EPSO 算法的位置更新公式与膜 1 的位置更新公式相同，速度更新公式如式(2-31)所示：

$$\begin{aligned} v_{4id}(t+1)=w_2v_{4id}(t)+\sum_{j\in B(i)}c_jr_1[p_{4jd}(t)-x_{4id}(t)]-\\ \sum_{j\in W(i)}c_jr_2[p_{4jd}(t)-x_{4id}(t)]+c_3V_4 \end{aligned} \tag{2-31}$$

式中

w_2——惯性权重，$w_2=w_{\max}-\frac{t}{t_{\max}}(w_{\max}-w_{\min})$；

c_j——加速常数；

$B(i)$——存放比当前粒子 i 适应值好的个体最优微粒的集合；

$v_{4id}(t)$、$v_{4id}(t+1)$——膜 4 内粒子 i 第 d 维在第 t、$t+1$ 代的速度；

$W(i)$——存放比当前粒子 i 适应值差的个体最优粒子的集合。

膜 5 内 MFPSO 算法的位置更新公式与膜 1 的位置更新公式相同，速度更新公式如式(2-32)所示：

$$v_{5id}(t+1)=w_2 v_{5id}(t)+\alpha\sum_{j\in N}c_j r_1[x_{5id}(t)-x_{5jd}(t)]+$$
$$\beta\left\{\sum_{j\in B(i)}c_j r_2[p_{5jd}(t)-x_{5jd}(t)]+\sum_{j\in W(i)}c_j r_2[x_{5id}(t)-p_{5jd}(t)]\right\}+$$
$$\gamma c_g r_3[p_{5gd}(t)-x_{5id}(t)]+c_3 V_5 \tag{2-32}$$

式中

r_3——(0, 1)区间的随机数；

c_g——加速常数；

α、β、γ——前、中、后3个时期搜索的切换系数；

$v_{5id}(t)$、$v_{5id}(t+1)$——膜5内粒子i第d维在第t、$t+1$代的速度；

$p_{5gd}(t)$——膜5内第d维在第t代全局历史最优粒子的位置。

切换系数按照式(2-33)~(2-35)求得

$$\alpha=\begin{cases}1 & t<l_1\\0 & 其他\end{cases} \tag{2-33}$$

$$\beta=\begin{cases}1 & l_1\leqslant t<l_2\\0 & 其他\end{cases} \tag{2-34}$$

$$\gamma=\begin{cases}1 & t\geqslant l_2\\0 & 其他\end{cases} \tag{2-35}$$

其中，l_1为前期向中期搜索切换时的切换因子，达到此迭代次数由前期向中期过渡；l_2为中期向后期搜索切换时的切换因子，达到此迭代次数由中期向后期过渡。

膜6内TFPSO算法的位置更新公式与膜1的位置更新公式相同，速度更新公式如式(2-36)所示：

$$v_{6id}(t+1)=w_2 v_{6id}(t)+\mu(\sum_{j\in B(i)}c_j r_1[p_{6jd}(t)-x_{6id}(t)]+$$
$$\sum_{j\in W(i)}c_g r_1[x_{6id}(t)-p_{6jd}(t)])+\theta(c_1 r_2[p_{6id}(t)-x_{6id}(t)]+$$
$$c_2 r_3[p_{6gd}(t)-x_{6id}(t)])+c_3 V_6 \tag{2-36}$$

其中，$v_{6id}(t)$、$v_{6id}(t+1)$分别为膜6内粒子i第d维在第t、$t+1$代的速度；$p_{6gd}(t)$为膜6内第d维在第t代全局历史最优粒子的位置；μ、θ分别为前、后期切换系数

$$\mu=\begin{cases}1 & t<l_{\max}\\0 & 其他\end{cases} \tag{2-37}$$

$$\theta=\begin{cases}1 & t\geqslant l_{\max}\\0 & 其他\end{cases} \tag{2-38}$$

其中，l_{max} 为算法进化的停滞次数，当 t 达到 l_{max} 值时，进化由前期转换为后期。

2.4.3　算法执行步骤

MC-MPSO 算法的流程如图 2-10 所示。

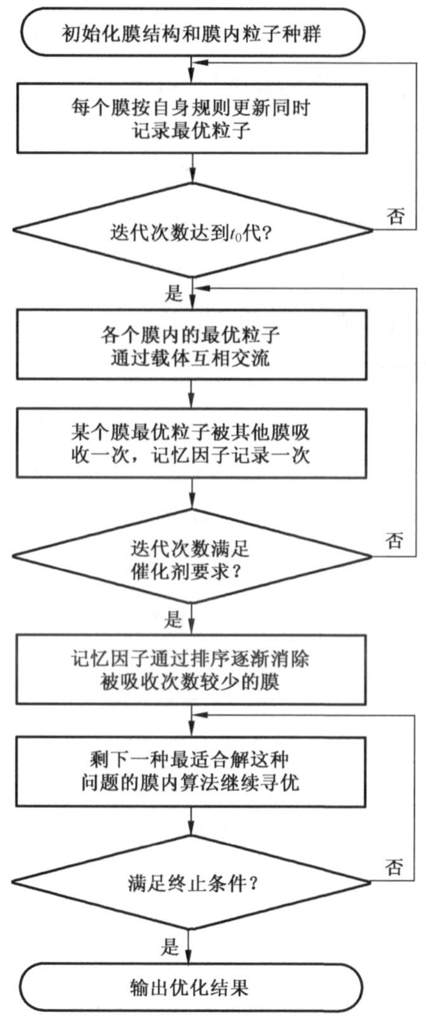

图 2-10　MC-MPSO 算法流程

算法实现的具体步骤如下：

(1)首先设定膜结构为 6 个基本膜外包围一个表层膜，初始化每个基本膜中的粒子。

(2)迭代初期，各基本膜按自身机制进行优化，选择当代最好的粒子复制，并按照出规则进行记录。

(3)通过测试,每种算法运行 t_0 代时已将本算法优势体现得比较完全,所以从 t_0 代开始,各个膜分别选择本膜内最好的粒子交给各自的复制移民载体,各载体满足拓扑质数条件和动态切换条件时运送到对应的膜内,如果比当前的膜内本代最优粒子好,就按照入规则将载体内粒子放入膜内吸收;否则,载体将携带的粒子吞噬并将对方膜内满足条件且比携带的粒子好的本代最优粒子运回,放入本膜内更新。

(4)各膜间的每次交流执行入规则都被记录,当后期膜间交流的次数达到催化剂要求时,对记忆因子进行排序,将最小记忆因子对应的膜进行表层膜的胞外分泌,直到剩余一个最适合解这种问题的膜,当达到终止条件即迭代次数为 t_{max} 代时,将该基本膜内粒子溶解至表层膜中输出。

2.4.4 算法寻优能力测试

为验证 MC-MPSO 算法的寻优性能,采用表 2-8 所示的常被用于评价优化算法性能的 8 个 Benchmark 函数、表 2-9 所示的 3 个二维测试函数,并且与遗传算法、鱼群算法,以及粒子群与膜计算相结合的其他算法比较,通过分析 MC-MPSO 算法的寻优精度和运行时间来检测算法的性能。

表 2-8 Benchmark 函数

Benchmark 函数	范围
$f_1(x)=\sum_{i=1}^{n}x_i^2,\min f_1(x)=f_1(0,0,\cdots,0)=0$	[-100, 100]
$f_2(x)=\sum_{i=1}^{n-1}[100(x_{i+1}-x_i^2)^2+(x_i-1)^2],\min f_2(x)=f_2(1,1,\cdots,1)=0$	[-50, 50]
$f_3(x)=\frac{1}{4\,000}\sum_{i=1}^{n}x_i^2-\prod_{i=1}^{n}\cos\frac{x_i}{\sqrt{i}}+1,\min f_3(x)=f_3(0,0,\cdots,0)=0$	[-600, 600]
$f_4(x)=-20\exp\left(-0.2\sqrt{\frac{1}{n}\sum_{i=1}^{n}x_i^2}\right)-\exp\left(\frac{1}{n}\sum_{i=1}^{n}\cos2\pi x_i\right)+$ $20+\mathrm{e},\min f_4(x)=f_4(0,0,\cdots,0)=0$	[-32, 32]
$f_5(x)=\sum_{i=1}^{n}(x_i^2-10\cos2\pi x_i+10),\min f_5(x)=f_5(0,0,\cdots,0)=0$	[-5.12, 5.12]

续表 2-8

Benchmark 函数	范围
$f_6(x)=\frac{\pi}{n}[10\sin^2\pi y_1+\sum_{i=1}^{n-1}(y_i-1)^2(1+10\sin^2\pi y_{i+1})+(y_n-1)^2]+\sum_{i=1}^{n}u(x_i,5,100,4)$ $u(x_i,a,k,m)=\begin{cases}k(x_i-a)^m & x_i>a\\0 & -a\leqslant x_i\leqslant a\\k(-x_i-a)^m & x_i<-a\end{cases}$ $y_i=1+\frac{x_i+1}{4}, \min f_6(x)=f_6(-1,-1,\cdots,-1)=0$	[−50, 50]
$f_7(x)=0.1[\sin^2 3\pi x_1+\sum_{i=1}^{n-1}(x_i-1)^2(1+\sin^2 3\pi x_{i+1})+(x_n-1)^2(1+\sin^2 2\pi x_n)]+\sum_{i=1}^{n}u(x_i,5,100,4)$ $u(x_i,a,k,m)=\begin{cases}k(x_i-a)^m & x_i>a\\0 & -a\leqslant x_i\leqslant a\\k(-x_i-a)^m & x_i<-a\end{cases}$ $\min f_7(x)=f_7(1,1,\cdots,1)=0$	[−50, 50]
$f_8(x)=-\sum_{i=1}^{n}(x_i\sin\sqrt{x_i})$ $\min f_8(x)=f_8(420.9687,420.9687,\cdots,420.9687)=-418.9829n$	[−500, 500]

表 2-9　二维测试函数

二维测试函数	范围
$f_9(x,y)=-\cos x\cos y\cdot\exp^{-[(x-\pi)^2+(y-\pi)^2]}$ $\min f_9(x,y)=f_9(\pi,\pi)=-1$	$-100\leqslant x,y\leqslant 100$
$f_{10}(x,y)=(x^2+y^2)^{0.25}[\sin^2 50(x^2+y^2)^{0.1}+1.0]$ $\min f_{10}(x,y)=f_{10}(0,0)=0$	$-10\leqslant x,y\leqslant 10$
$f_{11}(x,y)=-0.5+\frac{\sin^2\sqrt{x^2+y^2}-0.5}{[1+0.001(x^2+y^2)]^2}$ $\min f_{11}(x,y)=f_{11}(0,0)=-1$	$-10\leqslant x,y\leqslant 10$

上述 11 个函数三维图如图 2-11 所示。

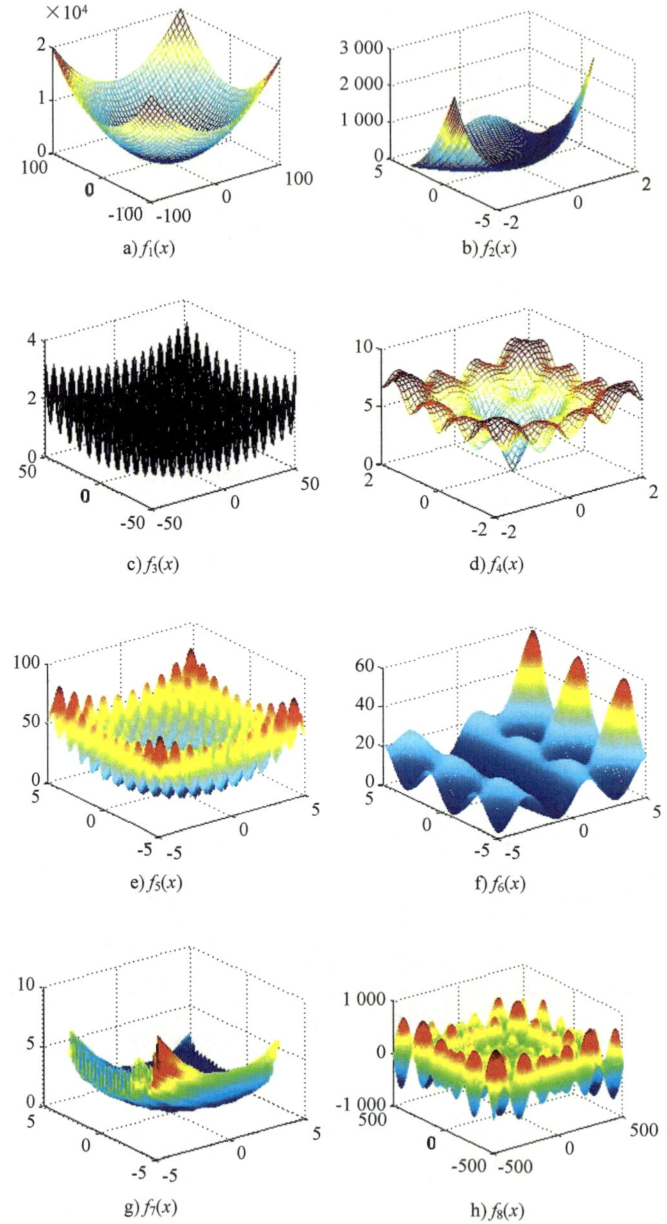

a) $f_1(x)$　b) $f_2(x)$

c) $f_3(x)$　d) $f_4(x)$

e) $f_5(x)$　f) $f_6(x)$

g) $f_7(x)$　h) $f_8(x)$

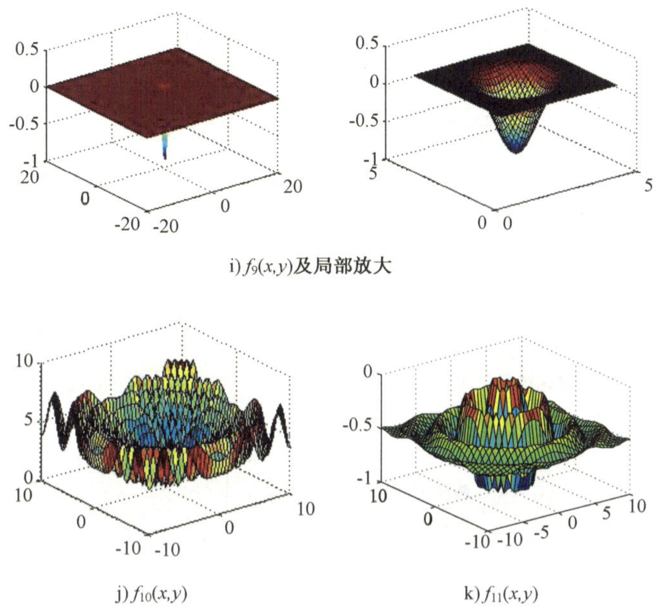

i) $f_9(x,y)$及局部放大

j) $f_{10}(x,y)$　　k) $f_{11}(x,y)$

图 2-11　11 个测试函数三维图

为了检验 MC-MPSO 算法的性能，选取了原始 PSO、标准 PSO、MPSO、EPSO、MFPSO、TFPSO 和 MC-MPSO 算法对上述 11 个测试函数进行测试对比。参数设置见表 2-10，MC-MPSO 算法各基本膜内粒子数为 8。运行 10 次的平均值优化结果曲线如图 2-12 所示。寻优结果如表 2-11、表 2-12 所示。

表 2-10　参数设置

参数	原始 PSO	标准 PSO	MPSO	EPSO	MFPSO	TFPSO	MC-MPSO
加速常数 c_1、c_2、c_3、c_j、c_g	1.49	1.49	1.49	1.49	1.49	1.49	1.49
最大惯性权重 w_{max}	—	0.9	0.9	0.9	0.9	0.9	0.9
最小惯性权重 w_{min}	—	0.4	0.4	0.4	0.4	0.4	0.4
切换因子 l_1	—	—	—	—	50	—	—
切换因子 l_2	—	—	—	—	350	—	—
进化停滞次数阈值 l_{max}	—	—	—	—	—	200	200
膜内停滞次数阈值 g	—	—	—	—	—	—	8
最大迭代次数 t_{max}	500	500	500	500	500	500	500
种群规模	48	48	48	48	48	48	48
种群维数 N	10	10	10	10	10	10	10

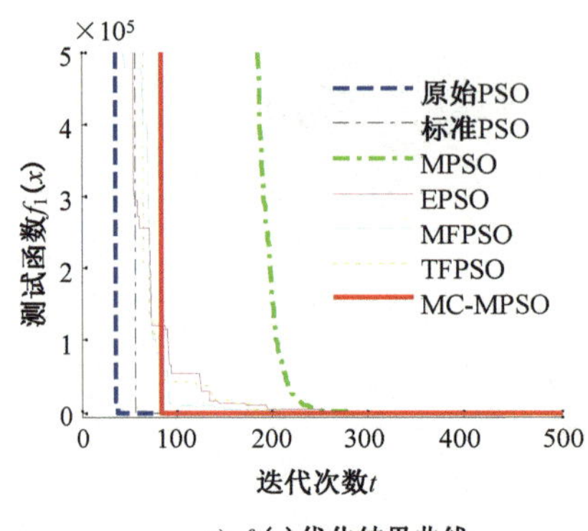

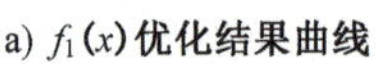
a) $f_1(x)$优化结果曲线

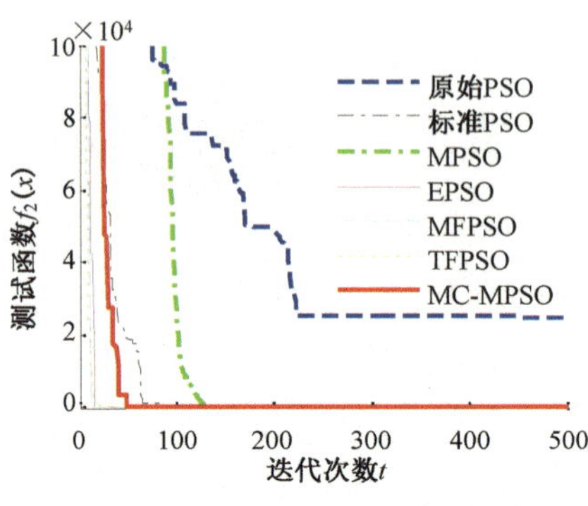

b) $f_2(x)$优化结果曲线

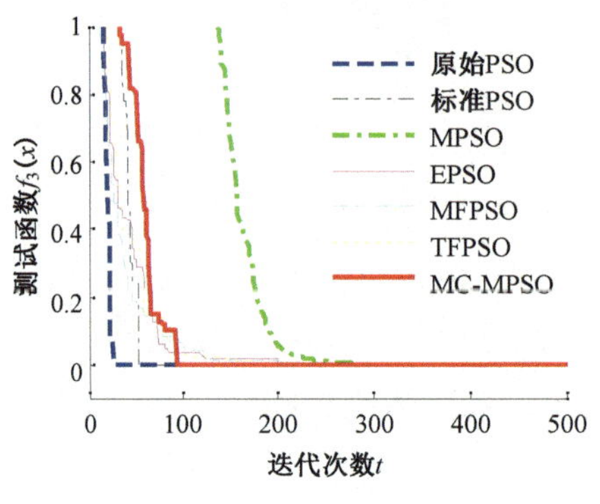

c) $f_3(x)$优化结果曲线

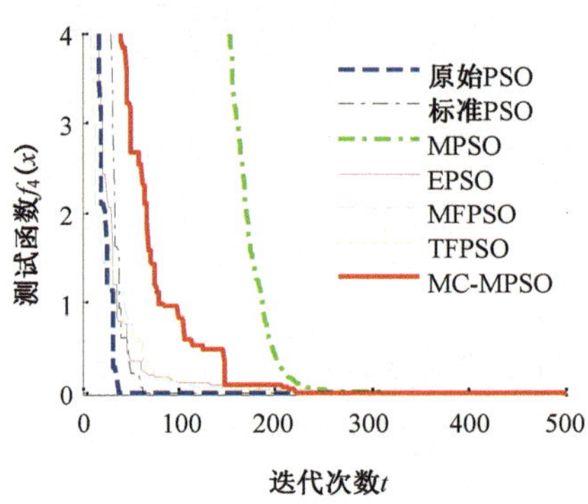

d) $f_4(x)$优化结果曲线

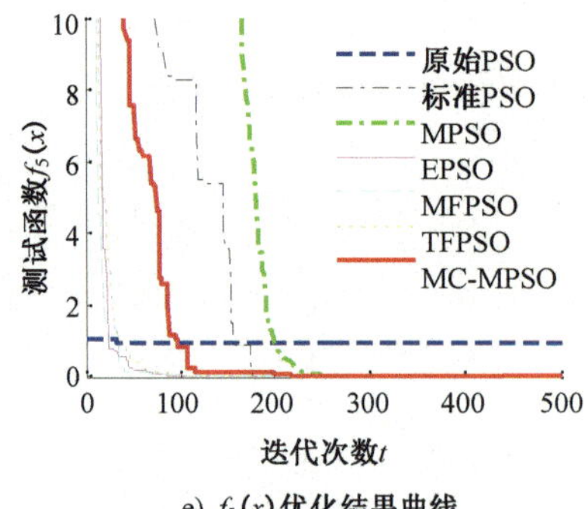

e) $f_5(x)$优化结果曲线

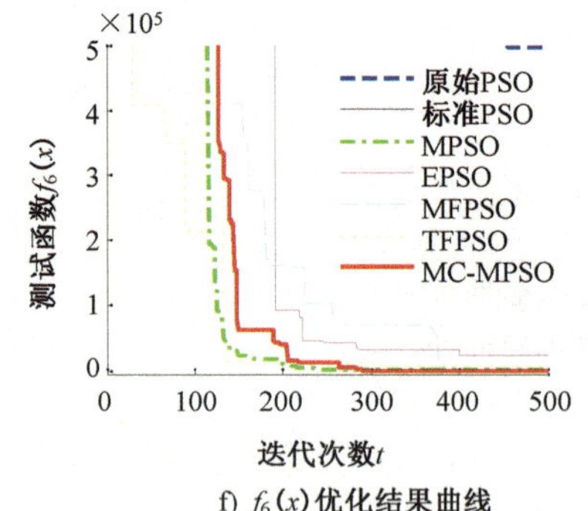

f) $f_6(x)$优化结果曲线

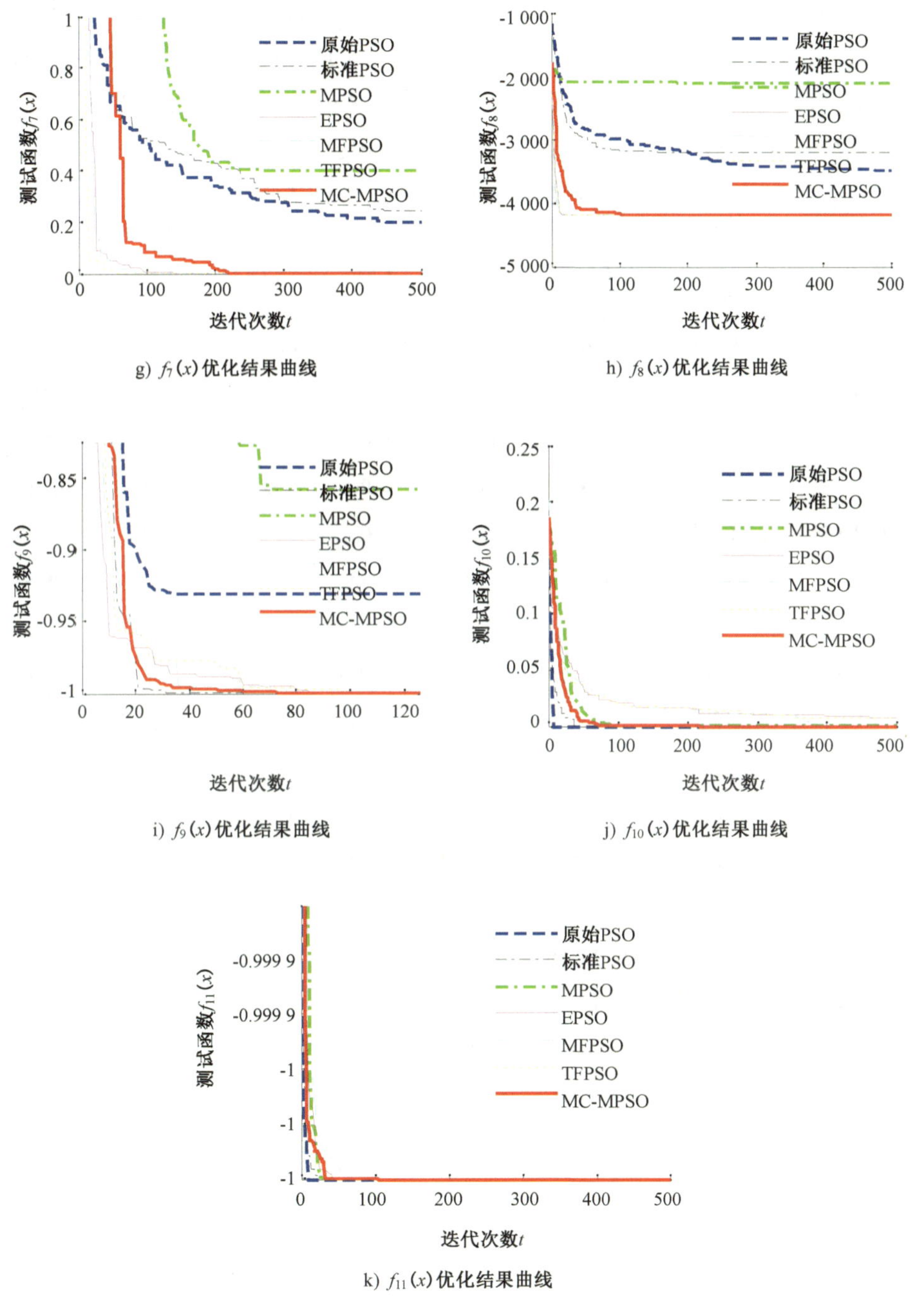

g) $f_7(x)$优化结果曲线

h) $f_8(x)$优化结果曲线

i) $f_9(x)$优化结果曲线

j) $f_{10}(x)$优化结果曲线

k) $f_{11}(x)$优化结果曲线

图 2-12　函数优化结果曲线

由图 2-12 各算法寻优曲线可以看出，函数中的$f_2(x)$、$f_5(x)$、$f_6(x)$中，原始 PSO

的寻优精度最低；函数$f_7(x)$、$f_8(x)$中，原始 PSO 的寻优精度能力处于中间；函数$f_1(x)$、$f_3(x)$、$f_4(x)$中，原始 PSO 的寻优精度最高。同理，其他 5 个基本膜内的标准 PSO、MPSO、EPSO、MFPSO、TFPSO 算法分别针对某一类函数寻优效果好。而 MC-MPSO 算法对于这 11 个测试函数都表现出了较好的寻优能力。

表 2-11　7 种算法的寻优结果($f_1(x)$ ~ $f_6(x)$)

算法	测试指标	$f_1(x)$	$f_2(x)$	$f_3(x)$	$f_4(x)$	$f_5(x)$	$f_6(x)$
原始 PSO	平均值	**0**	2.5E+4	**0**	**8.9E-16**	9.5E-1	2.3E-5
	标准差	**0**	4.2E+2	**0**	**0**	3.4E-1	2.9E-5
	时间/s	0.68	1.04	0.69	0.87	**0.53**	0.65
标准 PSO	平均值	**0**	5.5E+2	**0**	**8.9E-16**	**0**	4.3E-5
	标准差	**0**	7.9E+4	**0**	**0**	**0**	4.7E-5
	时间/s	**0.46**	**0.89**	**0.69**	**0.85**	0.54	**0.65**
MPSO	平均值	4.0E-15	8.9	2.0E-9	1.3E-6	1.2E-10	3.1E-8
	标准差	2.5E-15	0.3E-1	3.2E-9	1.5E-6	1.5E-10	3.6E-8
	时间/s	0.81	1.40	0.98	1.15	0.86	0.93
EPSO	平均值	8.7E-8	0.2E-1	5.9E-4	0.1E-1	3.2E-4	3.3E-6
	标准差	1.7E-7	0.1E-1	8.3E-4	0.9E-2	6.1E-4	1.9E-5
	时间/s	10.26	12.42	10.87	11.20	10.72	11.01
MFPSO	平均值	2.9E-35	**1.7E-5**	2.0E-12	1.9E-5	1.6E-13	2.8E-28
	标准差	9.3E-35	1.3E-5	6.5E-12	4.8E-5	5.1E-13	3.5E-28
	时间/s	19.88	24.73	21.86	21.52	20.53	21.06
TFPSO	平均值	1.3E-7	1.1E-2	3.6E-4	0.5E-2	6.8E-4	1.5E-8
	标准差	3.2E-7	4.0E-2	5.0E-4	0.5E-2	1.7E-3	1.1E-5
	时间/s	10.70	13.11	11.70	11.83	11.34	11.48
MC-MPSO	平均值	**0**	2.9E-5	**0**	**8.9E-16**	**0**	**3.1E-30**
	标准差	**0**	**6.3E-6**	**0**	**0**	**0**	**5.5E-30**
	时间/s	2.06	2.98	2.47	2.70	2.21	2.41

表 2-12　7 种算法的寻优结果($f_7(x) \sim f_{11}(x)$)

算法	函数	$f_7(x)$	$f_8(x)$	$f_9(x)$	$f_{10}(x)$	$f_{11}(x)$
原始 PSO	平均值	2.0E-1	−3.5E+3	−9.3E-1	**0**	**−1**
	标准差	1.4E-1	3.6E+2	2.2E-1	**0**	**0**
	时间/s	**0.67**	**0.68**	0.17	**0.16**	**0.15**
标准 PSO	平均值	2.4E-1	−3.2E+3	−9.9E-1	**0**	**−1**
	标准差	1.3E-1	6.0E+2	5.1E-5	**0**	**0**
	时间/s	0.77	0.73	**0.17**	0.17	0.15
MPSO	平均值	0.4	−2.1E+3	−8.8E-1	2.8E-16	**−1**
	标准差	0.3	3.3E+2	1.5E-1	2.5E-16	**0**
	时间/s	1.18	0.87	0.26	0.23	0.24
EPSO	平均值	2.5E-4	**−4.2E+3**	**−1**	0.8E-2	**−1**
	标准差	4.6E-4	4.2E-4	1.1E-5	0.5E-2	2.7E-9
	时间/s	13.17	10.79	0.79	0.79	0.78
MFPSO	平均值	**1.1E-10**	**−4.2E+3**	**−1**	1.1E-3	**−1**
	标准差	**3.3E-10**	**9.6E-13**	1.2E-6	2.2E-3	**0**
	时间/s	25.20	19.39	1.38	1.42	1.46
TFPSO	平均值	6.0E-6	**−4.2E+3**	**−1**	0.7E-2	**−1**
	标准差	1.9E-5	9.1E-4	4.6E-5	0.4E-2	3.4E-9
	时间/s	13.49	10.18	0.97	0.96	0.91
MC-MPSO	平均值	9.0E-7	**−4.8E+3**	**−1**	**0**	**−1**
	标准差	2.8E-6	4.9E-4	**5.7E-11**	**0**	**0**
	时间/s	3.03	2.21	0.55	0.47	0.46

由表 2-11 和表 2-12 测试函数的结果看出，MC-MPSO 算法整体寻优精度最高；由标准差来看，MC-MPSO 算法的波动性较小；从运行时间看，MC-MPSO 算法略次于原始 PSO 算法、标准 PSO 算法、MPSO 算法，但明显优于 EPSO 算法、MFPSO 算法、TFPSO 算法。综合对算法的寻优精度、寻优速度和鲁棒性，MC-MPSO 算法优于其他 6 种算法，因而，MC-MPSO 算法适应求解优化问题的范围更广泛。

2.4.5 与其他算法对比

2.4.5.1 与遗传算法对比

通过优化式(2-39),与文献[91]遗传算法对比

$$f(x)=\frac{\sin 10\pi x}{x} \quad 1 \leqslant x \leqslant 2 \tag{2-39}$$

取 MC-MPSO 算法和遗传算法的最大进化代数均为 50,每个膜内粒子数为 2,进化停滞次数阈值 l_{max} 取 20,其他参数与表 2-10 参数一致。对比曲线如图 2-13 所示,结果见表 2-13。

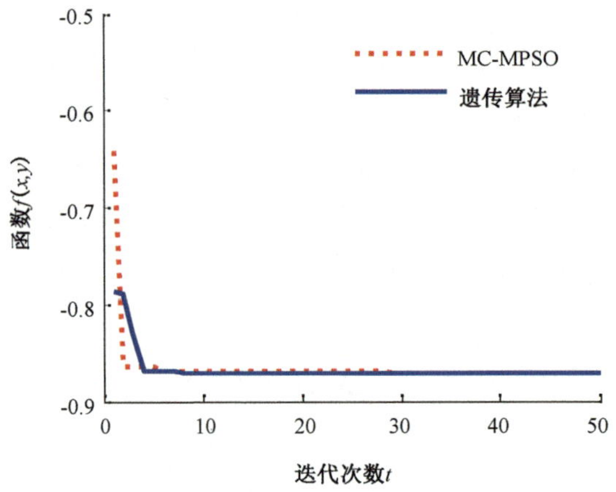

图 2-13 MC-MPSO 与遗传算法对比曲线

表 2-13 MC-MPSO 与遗传算法对比

算法	最优值	运行时间/s
遗传算法	-0.87	0.25
MC-MPSO	-0.87	0.06

由图 2-13 和表 2-13 可见,两种算法最优值相同,但 MC-MPSO 算法计算时间明显少于遗传算法。

2.4.5.2 与鱼群算法对比

通过优化式(2-40),与文献[91]鱼群算法对比

$$f(x,y)=\frac{\sin x}{x}\ \frac{\sin y}{y} \quad -10 \leqslant x,y \leqslant 10 \tag{2-40}$$

取 MC-MPSO 算法和鱼群算法的最大进化代数均为 50,每个膜内粒子数为 2,

进化停滞次数阈值 l_{max} 取 20,其他参数与表 2-10 参数一致。对比曲线如图 2-14 所示,结果见表 2-14。

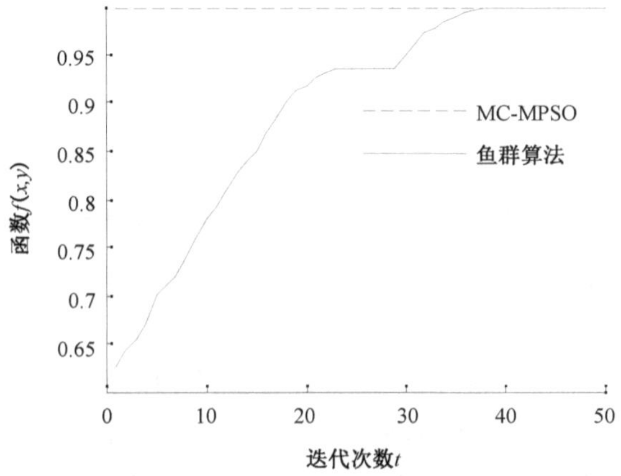

图 2-14 MC-MPSO 与鱼群算法对比曲线

表 2-14 MC-MPSO 与鱼群算法对比

算法	最优值	运行时间/s
鱼群算法	1	3.10
MC-MPSO	1	0.09

由表 2-13 和表 2-14 可以看出,本书所提的 MC-MPSO 算法比鱼群算法收敛速度快,MC-MPSO 算法在迭代刚开始时就已搜索到最优值附近, MC-MPSO 算法运行时间明显少于鱼群算法。

2.4.5.3 与其他基于膜改进的粒子群算法对比

对比文献[92],PSOPS 和 HPSOPS 算法的种群规模为 30、最大迭代次数为 50,各算法运行 30 次,将本节所提算法与文献所提算法对比。运用测试函数 $f_2(x)$,得到算法对比数据见表 2-15。

表 2-15 MC-MPSO 算法与 PSOPS 算、HPSOPS 算法的比较

算法	PSOPS	HPSOPS	MC-MPSO
平均值	47.53	15.68	2.61E-5
平均时间/s	4.29	2.94	2.87

可以看出,MC-MPSO 算法搜索求解优于文献[92],且运行时间也最短。

2.5 细菌群觅食优化算法

细菌觅食算法(Bacterial Foraging, BF)是由 Kevin M. Passino[93]提出的一种新型仿生类算法,具有并行搜索、易跳出局部极小值等优点,在不同领域得到了广泛应用。文献[94]提出一种改进 BF 算法用于解决永磁同步电机的参数辨识问题,满足对永磁同步电机的建模和仿真。文献[95]提出一种混合模拟退火机制的 BFOP 算法,用于求解无人艇路径规划问题。有学者将 PSO 算法和 BF 算法融合,如 Arijit Biswas 等[96]提出了一种混合 PSO 细菌觅食算法——BSO 算法,即在细菌趋化操作后对细菌执行了一个仅使用全局最佳粒子的趋化前进操作,该算法优于 BF 算法和标准 PSO 算法。然而,BSO 算法趋化前进操作中没有考虑个体最佳粒子这一因素。为此,本节提出一种细菌群觅食优化(Bacterial Swarm Foraging Optimization, BSFO)算法[97],利用 PSO 算法中粒子的速度更新公式来替代 BF 算法位置公式中的方向向量,并通过测试函数验证其优化效果。

2.5.1 标准细菌觅食优化算法

细菌群的觅食行为可以看作是不断优化的过程,优化问题的解对应搜索空间内细菌的状态。BF 算法包括趋化、繁殖、驱散三个步骤。

1. 趋化

趋化是细菌朝含有营养的区域聚集的行为。在趋化过程中,细菌运动模式包括翻转和前进,其位置更新公式如下:

$$P_i(j+1,k,l)=P_i(j,k,l)+C(i)\Delta(i)/|\Delta(i)| \tag{2-41}$$

其中,$P_i(j,k,l)$为第 i 个细菌在第 j 次趋化、第 k 次繁殖和第 l 次驱散中的位置;$\Delta(i)$为随机产生的方向向量;$C(i)$为细菌在任意方向被指定的步长大小。

2. 繁殖

所有细菌完成趋化后,进入繁殖阶段。采用健康度作为评定各细菌优劣的准则,计算公式如下:

$$J_{\mathrm{h},i}=\sum_{j=1}^{N_c+1}j_i(j,k,l) \tag{2-42}$$

其中,$J_{\mathrm{h},i}$ 为第 i 个细菌的健康度;$j_i(j,k,l)$为第 i 个细菌在第 j 次趋化、第 k 次繁殖和第 l 次驱散操作中的适应度值;N_c 为趋化步骤的最大次数。

将全部 S 个细菌根据健康度进行升序排序,淘汰健康度较差的 S_r($S_r=S/2$)个细菌,保留健康度较好的 S_r 个细菌。将存活的 S_r 个细菌以一分为二的方式进行繁殖,产生的子细菌具有和母细菌相同的位置和趋化步长。

3. 驱散

细菌在 N_{re} 次繁殖结束后,将适应度值差的细菌驱散。为确保细菌总数的不变,以概率 P_{ed} 驱散相同数目的细菌到其他位置,剩余细菌的位置保持不变。细菌驱散步骤的最大次数为 N_{ed}。

2.5.2　BSFO 算法的提出

BF 算法中,一个细菌代表一个解,细菌在寻找最优解时只依靠自己,群体间不存在信息共享机制,而 PSO 算法中一个粒子代表一个解,它在寻找最优解时,不仅依靠自身,也依靠其他的信息(个体历史最优解和全局最优解)。针对这种情况提出了 BSFO 算法:通过借鉴 PSO 算法中粒子之间的信息共享机制,利用 PSO 算法中粒子的速度更新公式来代替细菌趋化中翻转操作的位置公式中的方向向量 $\Delta(i)$,使细菌在更新自身运动位置时,不断感知周围同伴的位置信息以及细菌群体的历史最优位置信息,进而克服 PSO 算法存在早熟收敛和 BF 算法收敛速度慢的缺陷。

微粒群中在第 t 代微粒群中对于微粒 i 的速度和位置的公式为

$$v_i(t+1) = wv_i(t) + c_1r_1[p_i(t) - x_i(t)] + c_2r_2[p_g(t) - x_i(t)] \tag{2-43}$$

$$x_i(t+1) = x_i(t) + v_i(t+1) \tag{2-44}$$

惯性权重迭代公式为

$$w = w_{\max} - I(w_{\max} - w_{\min})/I_{\max} \tag{2-45}$$

其中,I 为当前迭代次数;$I_{\max}$ 为最大迭代次数;$w_{\max}$、$w_{\min}$ 分别为惯性权重的最大值和最小值。

将式(2-43)代入式(2-41),可得

$$P_i(j+1,k,l) = P_i(j,k,l) + C(i)v_{k+1}/|v_{k+1}| \tag{2-46}$$

为了提高算法在优化前期的全局搜索能力和优化后期的局部开发能力,趋化步长不再像 BF 算法中设为固定值,而改设为动态调整值:

$$C(k,l) = L_{red}/n_{k+l-1} \tag{2-47}$$

其中,$C(k,l)$ 为第 k 次繁殖和第 l 次驱散的趋化步长;L_{red} 为初始趋化步长;n_{k+l-1} 为控制步长下降梯度的参数。

由于 $C(k,l)$ 是随繁殖和驱散操作数增加而下降的函数,所以当 k、l 较小时 $C(k,l)$ 较大,可以避免在局部范围过多地耗费搜索时间;当 k、l 逐渐增大时,步长

$C(k,l)$减小,使细菌在较好解的附近进一步搜索最优解,保证算法最终趋近全局最优点。

BSFO 算法步骤如下:

(1) 初始化细菌位置、速度。

(2) 评价适应度值。

(3) 三层循环。最内层步骤是趋化,其中,细菌的运动模式为翻转,以式(2-46)进行细菌位置更新;前进,更新个体最优和全局最优并用式(2-41)更新各细菌的速度。中层步骤是繁殖。最外层步骤是驱散。

(4) 输出最优解。

BSFO 算法以 BF 算法为基础,在趋化时用 PSO 算法中粒子的速度更新公式[式(2-43)]来代替细菌趋化公式中随机产生的方向向量 $\Delta(i)$。有目的的方向操作加快了细菌的收敛,全局最优的引导作用提高了算法的精度。同时,舍去 PSO 算法中的式(2-44),直接用式(2-46)计算细菌位置更新历史最优值。

2.5.3 BSFO 算法的 Benchmark 函数测试

为分析证明所提的 BSFO 算法搜索优化性能,以 BF 算法、μPSO 算法[98]和 BSO 算法[99]作为对比算法。其中,μPSO 算法的原理是通过对一般粒子和当代最优粒子设置不同的速度、位置计算公式增强粒子的搜索能力,利用排斥项避免搜索进程陷入早熟状态,从而有效提高 PSO 算法的优化效率。

选择表 2-16 所示的 8 个 Benchmark 函数对这 4 种算法进行数值试验,这些函数广泛应用于评价优化算法的性能。评价的标准包括优化结果的平均值和标准差,平均值反映了在给定迭代次数下算法所能达到的精度,标准差反映了算法的稳定性。

分别用 BF 算法、μPSO 算法、BSO 算法和 BSFO 算法优化上述 8 个测试函数,程序重复 30 次所得函数极值的平均值和标准差见表 2-17。从表 2-17 可以看出,与其他三种算法相比,BSFO 算法对大部分测试函数更接近所求极值,标准差较小,具有较高的精度和稳定性。

表 2-16 8 个测试函数

函数	维数	取值范围	极值
$f_1(x) = -20\exp\left(-0.2\sqrt{\frac{1}{n}\sum_{i=1}^{n}x_i^2}\right) - \exp\left(\frac{1}{n}\sum_{i=1}^{n}\cos 2\pi x_i\right) + 20 + e$	15	[−32, 32]	0
$f_2(x) = \sum_{i=1}^{N}\frac{x_i^2}{4\ 000} - \prod_{i=1}^{N}\cos\frac{x_i}{\sqrt{i}} + 1$	15	[−600,600]	0
$f_3(x) = \sum_{i=1}^{D-1}[100(x_i^2 - x_{i+1})^2 + (x_i - 1)^2]$	15	[−2.05,2.05]	0
$f_4(x) = -0.5 + \frac{\sin^2\sqrt{x_1^2 + x_2^2} - 0.5}{1 + 0.001(x_1^2 + x_2^2)^2}$	2	[−10,10]	−1
$f_5(x) = \sum_{i=1}^{N}(x_i^2 - 10\cos 2\pi x_i + 10)$	15	[−5.12,5.12]	0
$f_6(x) = \max(\mid x_i \mid)$	15	[−100,100]	0
$f_7(x) = \left(\sum_{i=1}^{N} i x_i^4\right) + \text{rand}[0,1]$	15	[−1.28,1.28]	0
$f_8(x) = \sum_{i=1}^{N} x_i^2$	15	[−5.12,5.12]	0

表 2-17 4 种算法所得优化结果

函数	指标	BF	μPSO	BSO	BSFO
$f_1(x)$	平均值	0.933 2	0.582 1	0.082 5	**0.013 6**
	标准差	0.028 7	0.054 2	0.000 7	**0.000 4**
$f_2(x)$	平均值	0.281 2	**0.036 1**	0.054 1	0.040 1
	标准差	0.021 6	**0.005 2**	0.028 7	0.012 8
$f_3(x)$	平均值	26.705	14.22 5	0.483 1	**0.349**
	标准差	2.162 1	3.573 1	0.074 1	**0.036**

续表 2-17

函数	指标	BF	μPSO	BSO	BSFO
$f_4(x)$	平均值	-0.965 4	-0.990 3	-1.000 0	**-1.000 0**
	标准差	0.017 6	0.008 7	0.000 3	**0.000 1**
$f_5(x)$	平均值	6.928 5	3.348 4	**0.082 1**	0.099 2
	标准差	2.092 1	0.297 1	**0.009 3**	0.010 3
$f_6(x)$	平均值	0.674 4	0.456 6	0.077 5	**0.040 2**
	标准差	1.895 5	1.682 5	0.046 9	**0.023 8**
$f_7(x)$	平均值	0.927 7	0.236 7	0.067 6	**0.001 4**
	标准差	2.124 4	0.136 8	0.037 3	**0.001 5**
$f_8(x)$	平均值	3.827 7	1.682 4	0.059 7	**0.009 7**
	标准差	4.827 7	2.074 4	0.039 9	**0.004 9**

从表 2-17 可以看出，与其他三种算法相比，BSFO 算法对大部分测试函数更接近所求极值，具有较高的精度和稳定性。

这 4 种算法运行 30 次的平均运行时间和标准差见表 2-18。

表 2-18　4 种算法的运行时间(s)和标准差

函数	指标	BF	μPSO	BSO	BSFO
$f_1(x)$	平均值	6.227 0	3.663 3	8.427 1	5.230 7
	标准差	0.344 1	0.024 7	0.082 1	0.036 9
$f_2(x)$	平均值	10.798 2	6.774 2	11.039 7	7.667 3
	标准差	0.186 0	0.136 9	0.145 8	0.078 9
$f_3(x)$	平均值	12.875 6	8.765 3	13.994 9	10.694 3
	标准差	0.478 4	0.368 9	0.267 2	0.176 4
$f_4(x)$	平均值	1.536 6	0.796 3	1.697 5	1.247 8
	标准差	0.059 7	0.034 9	0.003 9	0.002 1
$f_5(x)$	平均值	9.176 8	4.518 7	9.738 4	6.636 4
	标准差	0.136 8	0.176 4	0.133 4	0.083 1
$f_6(x)$	平均值	8.639 3	4.389 9	7.931 4	6.759 9
	标准差	0.244 7	0.154 4	0.107 1	0.034 9

续表 2-18

函数	指标	BF	μPSO	BSO	BSFO
$f_7(x)$	平均值	13.766 4	6.567 4	13.430 5	10.641 7
	标准差	0.557 0	0.398 7	0.208 9	0.049 0
$f_8(x)$	平均值	9.594 1	3.476 4	8.477 1	6.012 1
	标准差	0.556 3	0.468 7	0.211 2	0.878 5

从表 2-18 可以看出:基本 BF 算法与 BSO 算法在时间消耗上是差不多的,BSFO 算法比上述两种算法耗时更少,μPSO 算法耗时最少。综合表 2-17 和表 2-18 可以看出,BSFO 算法不仅具有较高求解精度,而且耗时较少。

2.6　多阶段自适应蝙蝠-蚁群混合群智能算法

蝙蝠算法(Bat Algorithm, BA)是一种模拟蝙蝠搜索目标的新型群智能优化算法,是由剑桥大学 Xinshe Yang 于 2010 年提出的[100]。蝙蝠群通过发送频率、脉冲发射率和响度,调整与当前最优解的距离进行搜索,相对于其他元启发式算法,蝙蝠算法通过频率调谐特性使其具有较快全局搜索效率。蝙蝠算法的应用越来越广泛,如特征提取[101]、工程设计优化[102]、机器学习[103]等。蝙蝠算法的寻优主要依靠蝙蝠个体间速度和位置的信息交互。标准蝙蝠算法在飞行速度、位置更新时只受到最优蝙蝠的影响,受到局部极值约束后很难摆脱,易陷入局部最优。为此,许多学者从蝙蝠飞行速度、位置更新机制研究并改进蝙蝠算法,例如,文献[104]采用两种脉冲发射向两个不同方向,并融入速度、位置更新中,来指导蝙蝠的飞行方向,提高蝙蝠的探索和开发能力;文献[105]将惯性权重引入蝙蝠算法的速度更新公式中,平衡算法的全局和局部开发能力;文献[106]通过综合模拟退火思想以及高斯干扰来改变蝙蝠算法速度更新方式,在算法后期帮助跳出局部最优;文献[107]在速度更新公式中使用随机蝙蝠来引导个体蝙蝠飞行和随机搜索,帮助算法跳出局部最优。然而,上述改进算法虽然改善了飞行速度、位置的单一更新机制,丰富了搜索空间,减缓陷入局部最优,但在平衡搜索空间和收敛精度上存在提升的空间,收敛精度还有待提高。

蚁群优化(Ant Colony Optimization, ACO)算法是 1991 年意大利学者 Marco Dorigo 等人在第一届欧洲人工生命会议(European Conference on Artificial Intelligence, ECAL)上提出的,是模拟自然界真实蚂蚁觅食过程的一种随机搜索算法。

2000 年，Eric Bonabeau 和 Marco Dorigo 等[108]在 *Nature* 上发表了一篇关于蚁群算法研究进展的概述，奠定了蚁群算法在国际学术前沿上的地位，时至今日，蚁群算法由于其具有的极高求解效率成为学者们研究的热点问题[109]。针对蚁群算法收敛速度慢、易早熟收敛等不足，学者们对算法进行了研究改进，根据蚁群算法中信息素更新机制对算法的寻优性能起到关键性作用的特点，学者们主要从信息素更新机制对算法进行改进，例如，为防止蚁群早熟收敛，通过限定蚁群信息素的最大、最小值范围，来防止信息素间差距过大，改善蚁群搜索后期只在局部范围内搜索的状态，帮助蚁群跳出早熟收敛[110]；通过动态调整信息素挥发系数来提高收敛速度[111]；完成一次遍历后，只有最优的蚂蚁进行信息素的更新，提高收敛速度[112]；通过一种自适应策略，根据搜索阶段的不同自动调整信息素重要程度因子，提高收敛速度[113]；通过采用多阶段搜索策略，将搜索过程分为前期和后期，以达到加快算法初期收敛速度的目的，同时也加快了各路径自己的信息素积累[114]；通过调整蚁群的初始信息素分配，引入局部信息素调控机制，提高收敛速度[115]。上述改进方法或限于改善早熟收敛现象，或限于提高收敛速度，难以同时改善早熟收敛现象和提高收敛速度，而且不能完全反映真实蚁群社会的协同寻优机制。

蝙蝠、蚁群算法作为单一的一种群智能算法，存在早熟收敛、易陷入局部最优、适用范围局限等缺点，为了克服单一算法的局限性，实现两者的优势互补，通过设计一种混合算法来提高算法的性能，例如，文献[116]将混沌优化算法和蝙蝠算法相混合，利用混沌运动的遍历性和内在随机性，使蝙蝠算法跳出局部最优，实现全局优化；文献[117]将微粒群算法与蚁群算法串联结合，利用微粒群优化结果设定蚁群的初始解范围，缩短了蚁群算法的寻优时间；文献[118]和文献[119]将遗传算法的交叉变异规则应用到蚁群算法中，发挥遗传算法的快速全局搜索能力，并保持蚁群善于利用反馈信息的优势。

本节旨在更好地模拟生物群体间的信息交互机制，改进蝙蝠算法和蚁群算法，并把改进后的两种算法进行混合互补[120]。首先，针对蝙蝠算法未充分利用蝙蝠间搜索信息交互影响的不足，借鉴拟态物理学中的作用力规则，基于阶段性搜索策略将搜索过程分为两个阶段，分别构造符合算法阶段性搜索特点的作用力规则，提出多形态作用力蝙蝠算法(Multi-Form Force BA, MFBA)；然后，针对标准蚁群算法在离散空间优化时信息素更新机制单一、容易早熟收敛的不足，结合蚁群的实际社会活动提出多阶段自适应信息素机制蚁群优化(Multi-Stage Adaptive Pheromone ACO, MAPACO)算法，依照不同阶段对精英蚂蚁释放信息素浓度需求不同进行信息素浓度更新,并在搜索后期出现长时间停滞时,引入混沌算子,帮助算法跳出早熟收敛,更好地发挥蚁群算法的优势;最后,在验证上述算法具有更高的寻优精度、更多样化的搜索形式、更易跳出局部最优的基础上,为综合不同群智能算法的优势,将所提的多形态作用力蝙蝠算法和多阶段自适应信息素机制蚁群优化算法串行混合,提出多阶段自适应蝙蝠-蚁群混合群智能算法——MFBA-MAPACO。

2.6.1　多形态作用力蝙蝠算法

标准蝙蝠算法在通过当前最优位置指导蝙蝠的飞行方向时,只涉及了当前蝙蝠位置与全局最优蝙蝠位置间的斥力作用,这种作用力规则较单一,不能很好地平衡优化精度和收敛速度之间的关系。为此,提出多形态作用力蝙蝠算法——MFBA算法。MFBA 的基本思想是:根据蝙蝠在不同阶段的搜索特点来设计作用力规则。具体为:搜索前期,为提高搜索范围的多样性,使蝙蝠与其他所有蝙蝠进行交流,同时受到来自其他蝙蝠引力和斥力的作用,从而提高算法的全局搜索能力;而当算法运行一定次数后,需要在搜索空间中进行集中式精细搜索,为此我们让蝙蝠在速度、位移更新过程中受到两种参考不同原理的引力作用,帮助算法快速集中到最优解附近。

2.6.1.1　标准蝙蝠算法

由于真实的蝙蝠活动存在很多不确定因素,无法在算法中表现出来,因此蝙蝠算法是建立在以下三个理想化条件下的:

(1) 所有蝙蝠都是通过回声定位系统感知距离的,并可以区分食物和障碍物。

(2) 蝙蝠初始的飞行速度和方向是随机的,搜索猎物时会改变波长 λ 和响度 A_i,并通过与猎物的距离远近来自动调节蝙蝠发射的脉冲波长(或频率),以及发射的速率 $R\in[0,1]$。

设蝙蝠处在一个 n 维的搜索空间中,用 $x_i=(x_{i1},x_{i2},\cdots,x_{in})$ 表示蝙蝠 i 的位置向量,$v_i=(v_{i1},v_{i2},\cdots,v_{in})$ 表示蝙蝠 i 的速度向量,f_i 表示蝙蝠 i 发出的频率,在蝙蝠算法进化过程中,需要不断地更新蝙蝠的速度与位置,在第 t 次迭代中蝙蝠 i 的速度和位置的更新方程如式(2-48)~(2-50):

$$f_i=f_{\min}+\beta(f_{\max}-f_{\min}) \tag{2-48}$$

$$v_{id}(t+1)=v_{id}(t)+f_i(x_{id}(t)-p_{gd}(t)) \tag{2-49}$$

$$x_{id}(t+1)=x_{id}(t)+v_{id}(t+1) \tag{2-50}$$

式中

$f_{\min}$、$f_{\max}$——蝙蝠发出的最小频率、最大频率；

β——[0, 1]区间均匀分布的随机向量；

$v_{id}(t)$、$v_{id}(t+1)$——第 t、$t+1$ 代蝙蝠 i 的第 d 维速度；

$x_{id}(t)$、$x_{id}(t+1)$——第 t、$t+1$ 代蝙蝠 i 的第 d 维位置；

$p_{gd}(t)$——第 t 代全局最优蝙蝠 g 的第 d 维位置。

蝙蝠在进行全局搜索的同时，还进行局部精细化搜索：在当前个体最优解集中任选一个解 x_{old}，则蝙蝠在 x_{old} 附近产生一个新的位置 x_{new}，如式(2-51)所示：

$$x_{\text{new}} = x_{\text{old}} + \varepsilon A(t) \tag{2-51}$$

其中，ε 为[−1,1]区间的随机系数；$A(t)$ 为所有蝙蝠在 t 次迭代中的平均响度。

在进行蝙蝠飞行速度、位置更新的同时，还要对脉冲发射的响度 A_i 和速率 r_i 进行更新。当蝙蝠发现猎物后，响度会逐渐下降，速率逐渐提高，将初始响度 $A_i(1)$ 设为一个较大值，初始速率 $r_i(1)$ 设为一个较小值，响度 A_i 和速率 r_i 的更新公式如式(2-52)～(2-53)所示：

$$A_i(t+1) = \alpha A_i(t) \tag{2-52}$$

$$r_i(t+1) = r_i(1)\left[1 - \mathrm{e}^{-\gamma(t+1)}\right] \tag{2-53}$$

其中，$A_i(t)$、$A_i(t+1)$ 分别是蝙蝠 i 在第 t 代、$t+1$ 代的响度；α 是响度衰弱因子，为[0, 1]区间的常量；$r_i(t+1)$ 是蝙蝠 i 在第 $t+1$ 代的脉冲速率；γ 是脉冲频度增加系数，为大于 0 的常量。

2.6.1.2 多形态作用力蝙蝠算法

1. 前期平衡引斥力规则

由于标准蝙蝠算法只依靠全局最优解的位置信息来进行位置交流，会导致蝙蝠在搜索时受到很大的局限性，从而易陷入局部最优解中。为使算法更好地进行全局搜索，参考拟态物理学中的虚拟力的概念，使蝙蝠同时受到其他蝙蝠引力和斥力的作用，具体的作用方式受自然界中生物趋利避害的启发，让蝙蝠受到比自身适应值差的个体最优蝙蝠的斥力和比自己适应值好的个体最优蝙蝠的引力作用，从而使蝙蝠能够感知到更加多样化的位置信息，增强蝙蝠的全方位的搜索能力，具体的平衡引斥力规则构造如式(2-54)所示：

$$\sum_{j \in B(i)} c_j s(p_{jd}(t) - x_{id}(t)) + \sum_{j \in W(i)} c_j s(x_{id}(t) - p_{jd}(t)) \tag{2-54}$$

式中

c_j——加速常数；

s——(0, 1)区间内互相独立的随机数；

$p_{jd}(t)$——蝙蝠 j 的个体最优蝙蝠第 d 维位置；

$p_{jd}(t)-x_{id}(t)$——蝙蝠 j 的个体最优蝙蝠对蝙蝠 i 的引力作用，满足蝙蝠 j 的个体最优蝙蝠适应值比蝙蝠 i 的当前适应值好；

$x_{id}(t)-p_{jd}(t)$——蝙蝠 j 的个体最优蝙蝠对蝙蝠 i 的斥力作用，蝙蝠 j 的个体最优蝙蝠适应值比蝙蝠 i 的当前适应值差。

特别的，$B(i)=\{j|f(P_j)<f(X_i),j=1,2,\cdots,N\}$ 是存放比当前蝙蝠 i 适应值好的个体最优蝙蝠的集合；$W(i)=\{j|f(P_j)\geqslant f(X_i),j=1,2,\cdots,N\}$ 是存放比当前蝙蝠 i 适应值差的个体最优蝙蝠的集合；$f(\cdot)$ 是适应值函数。

2. 后期双引力规则

除了在前期引入蝙蝠间的引斥力作用来提高算法的全局搜索能力，在后期引入了另外一种形式的作用力，这种作用力规则将加速度的概念结合进蝙蝠间的引力规则中，即构造了蝙蝠间结合动力加速度和中值导向加速度的引力作用。

(1) 动力加速度

在标准蝙蝠算法中，蝙蝠只在全局最优蝙蝠的指导下进行位置移动，蝙蝠群体间信息交互单一，为此加入蝙蝠个体最优位置的指导作用，实现个体经验和群体经验的共同影响，并将这种结合了个体认知项和社会认知项的加速度项加到位置的更新公式中去，为蝙蝠在进行搜索时提供动力，则当前蝙蝠 i 第 d 维的动力加速度 $a_{id}(t)$ 定义为

$$a_{id}(t)=s(p_{id}(t)-x_{id}(t))+s(p_{gd}(t)-x_{id}(t)) \tag{2-55}$$

(2) 中值导向加速度

由标准蝙蝠算法可以看出，当蝙蝠搜索到的最优解处于局部最优解时，当前蝙蝠即为个体最优蝙蝠，此时，由速度更新公式可知速度只受惯性权重的影响线性递减，导致无法飞出局部最优解。为了帮助蝙蝠能跳出局部最优解，在速度更新公式中加入另一种形式的引力作用，即构造中值导向加速度，使得蝙蝠在没有其他蝙蝠提供动力的情况下，还能有帮助跳出局部最优解的速度项。

当前蝙蝠 i 第 d 维的中值导向加速度 $m_{id}(t)$ 定义如下式所示：

$$m_{id}(t)=b_i(t)[s(p_{id}(t)-p_{md}(t)-x_{id}(t))+s(p_{gd}(t)-p_{md}(t)-x_{id}(t))] \tag{2-56}$$

其中，$P_{md}(t)$ 是第 t 代中间适应值蝙蝠 m 的第 d 维位置；$b_i(t)$ 是第 t 代蝙蝠 i 的加

速因子,可由式(2-57)~(2-58)计算得到

$$b_i(t)=\frac{E_i(t)}{\sum_{j=1}^{N}E_j(t)} \tag{2-57}$$

$$E_i(t)=\frac{f(x_i)-f_{\max}}{f_{\text{med}}-f_{\max}} \tag{2-58}$$

其中,$f(x_i)$是第 t 代蝙蝠 i 的适应值;$f_{\max}$ 和 f_{med} 分别是第 t 代种群中所有蝙蝠的最大适应值和中间适应值。

3. 速度和位置更新规则

结合所提算法在搜索前期引入的平衡引斥力规则以及搜索后期结合动力加速度和中值导向加速度的引力规则,建立 MFBA 算法的速度和位置更新公式如(2-59)~(2-60)所示:

$$v_{id}(t+1)=wv_{id}(t)+\xi\Big(\sum_{j\in B(i)}c_js(p_{jd}(t)-x_{id}(t))+\sum_{j\in W(i)}c_js(x_{id}(t)-p_{jd}(t))\Big)+\beta m_{id}(t) \tag{2-59}$$

$$x_{id}(t+1)=x_{id}(t)+v_{id}(t+1)+\beta\frac{1}{2}a_{id}(t) \tag{2-60}$$

其中,w 为惯性权重;ξ、β 为前期、后期搜索的切换系数。

惯性权重 w 采用随迭代次数增加而线性递减的方式,具体可由下式求得

$$w=w_{\max}-\frac{t}{t_{\max}}(w_{\max}-w_{\min}) \tag{2-61}$$

其中,$w_{\max}$、$w_{\min}$ 分别代表惯性权重的最大值和最小值;$t_{\max}$ 是最大迭代次数;t 是当前迭代次数。

MFBA 算法前期、后期两搜索阶段的切换系数 ξ、β 可分别由式(2-62)~(2-63)求得

$$\xi=\begin{cases}1 & \gamma<\gamma_{\max}\\0 & \text{其他}\end{cases} \tag{2-62}$$

$$\beta=\begin{cases}1 & \gamma\geqslant\gamma_{\max}\\0 & \text{其他}\end{cases} \tag{2-63}$$

其中,γ 是搜索前期出现停滞的次数;$\gamma_{\max}$ 是最大停滞次数。当 $\gamma\geqslant\gamma_{\max}$ 时,代表算法的前期搜索已经不能帮助优化质量进一步提高,因此将算法切换到后期搜索。

算法停滞指的是全局最优蝙蝠的适应值在连续若干代内不发生变化，γ 由式（2-64）计算而得

$$\gamma=\begin{cases}\gamma+1 & f(P_g(t))\geqslant f(P_g(t-1))\\ 0 & \text{其他}\end{cases} \tag{2-64}$$

其中，$P_g(t)$、$P_g(t-1)$ 分别为第 t、$t-1$ 代全局最优蝙蝠 g 的位置。

MFBA 算法的流程如图 2-15 所示。

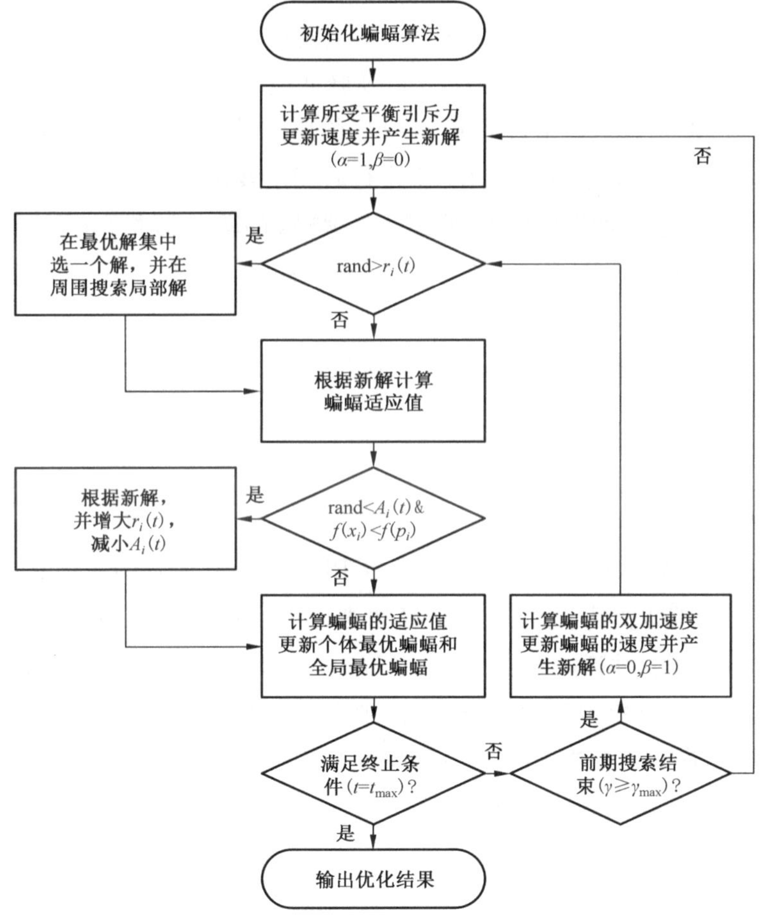

图 2-15　MFBA 算法流程

MFBA 算法的具体执行步骤如下：

Step1　初始化蝙蝠的频率、速度和位置，即每个蝙蝠发出的频率在 $[f_{\min}, f_{\max}]$ 区间内随机生成，在搜索空间中 $[v_{\min}, v_{\max}]$ 和区间内随机初始化蝙蝠的速度向量和

位置向量;初始化脉冲速率 $r_i(1)$ 和响度 $A_i(1)$;计算蝙蝠的适应值,确定个体最优蝙蝠和全局最优蝙蝠。

Step2　分别计算 $B(i)$ 和 $W(i)$ 集合中个体最优蝙蝠对当前蝙蝠 i 的引力和斥力,利用式(2-59)和式(2-60)更新蝙蝠 i 的速度 $V(i)$ 和位置 $x(i)$。

Step3　如果满足 rand>$r_i(t)$,从当前个体最优解集中任选一个解 x_{old},按照式(2-51)进行局部开发求得一个新解 x_{new}。

Step4　根据新解计算目标函数的适应值。

Step5　如果满足条件 rand<A_i 且 $f(x_i)<f(p_i)$,则接受新解,并更新蝙蝠 i 的个体最优蝙蝠位置 p_i 和全局最优蝙蝠 p_g 以及脉冲速率 $r_i(t)$ 和响度 $A_i(t)$。

Step6　判断前期搜索是否结束,若算法前期停滞次数 $\gamma<\gamma_{max}$,则返回 Step2 继续前期搜索,$t=t+1$;反之,则执行 Step7 进行后期搜索,$t=t+1$。

Step7　基于引力的后期搜索:分别计算蝙蝠 i 的动力加速度 $a_{id}(t)$ 和中值导向加速度 $m_{id}(t)$,并根据式(2-59)和式(2-60)更新蝙蝠的速度 $v_i(t)$ 和位置 $x_i(t)$;执行 Step3~Step5。

Step8　判断终止条件,若 $t=t_{max}$,则执行 Step6,$t=t+1$;反之,则返回 Step4 继续进行后期搜索,$t=t+1$。

Step9　输出优化结果。

2.6.2　算法测试

为测试所提 MFBA 算法的优化性能,采用如表 2-19 所示的 4 个 Benchmark 函数,通过与标准蝙蝠算法、标准微粒群算法进行对比测试,为了保障测试结果的公平准确,尽量保证三种算法参数的统一,三种算法最大迭代 500 次,蝙蝠数为 30,粒子数为 30,测试函数维数为 30,每个算法独立运行 50 次,其他参数的设置见表 2-20。将测试结果与文献[121]所提变异蝙蝠算法和文献[79]所提两阶段作用力微粒群(Two-stage Force PSO, TFPSO)算法进行优化结果对比。所得各函数优化结果的最优解、平均值和标准差见表 2-21。

表 2-19　4 个 Benchmark 函数

Benchmark 函数	范围
$f_1(x) = \sum_{i=1}^{n} \|x_i\| + \prod_{i=1}^{n} \|x_i\|, \min f_1(x) = f_1(0,0,\cdots,0) = 0$	[-10, 10]
$f_2(x) = \sum_{i=1}^{n} x_i^2, \min f_2(x) = f_2(0,0,\cdots,0) = 0$	[-100, 100]
$f_3(x) = \sum_{i=1}^{n} (x_i^2 - 10\cos 2\pi x_i + 10)$ $\min f_3(x) = f_3(0,0,\cdots,0) = 0$	[-5. 12, 5. 12]
$f_4(x) = \frac{1}{4\ 000}\sum_{i=1}^{n} x_i^2 - \prod_{i=1}^{n} \cos \frac{x_i}{\sqrt{i}} + 1$ $\min f_4(x) = f_4(0,0,\cdots,0) = 0$	[-600, 600]

表 2-20　算法参数设置

参数	BA	PSO	MFBA
加速常数 c	1. 49	1. 49	1. 49
最大惯性权重 w_{max}	0. 9	0. 9	—
最小惯性权重 w_{min}	0. 4	0. 4	—
进化停滞次数阈值 γ_{min}	—	—	50
蝙蝠频率区间 $[f_{min}, f_{max}]$	[0, 2]	—	[0, 2]
蝙蝠初始响度 $A_i(1)$	1. 5	—	1. 5
蝙蝠初始速率 $r_i(1)$	0. 1	—	0. 1
蝙蝠响度衰弱因子 α	0. 95	—	0. 95
脉冲发射率控制参数 γ	0. 95	—	0. 95

表 2-21　优化结果

算法	测试指标	$f_1(x)$	$f_2(x)$	$f_3(x)$	$f_4(x)$
标准 BA	最优解	2. 50E+01	2. 50E+00	2. 10E+02	2. 30E+02
	平均值	2. 60E+01	8. 00E+00	2. 30E+02	4. 00E+02
	标准差	4. 60E+00	4. 00E+00	1. 90E+01	7. 80E+01

续表 2-21

算法	测试指标	$f_1(x)$	$f_2(x)$	$f_3(x)$	$f_4(x)$
变异蝙蝠算法[121]	最优解	2.70E-01	1.30E-03	7.30E+01	4.70E+01
	平均值	9.50E+00	2.00E-03	1.50E+02	1.29E+02
	标准差	2.50E+01	5.60E-04	3.30E+01	4.20E+01
PSO	最优解	2.60E+01	5.20E+02	1.40E+02	1.10E+01
	平均值	2.80E+01	8.10E+02	1.50E+02	1.40E+01
	标准差	4.70E+00	3.00E+02	1.00E+01	1.10E+01
TFPSO[79]	最优解	3.10E-33	5.20E-80	**0**	**0**
	平均值	4.80E-21	4.60E-16	1.20E+00	1.80E-17
	标准差	2.60E-20	2.50E-15	2.40E+00	4.80E-17
MFBA	最优解	**4.7E-45**	**2.8E-92**	**0**	**0**
	平均值	**2.8E-33**	**1.5E-40**	**0**	**0**
	标准差	**1.1E-32**	**8.5E-40**	**0**	**0**

MFBA 算法在最优解、寻优精度、稳定性方面均为最好，尤其对于 $f_3(x)$、$f_4(x)$ 两个问题中，所提的 MFBA 算法能够使这 2 个测试函数的优化结果稳定在函数最优解，而标准蝙蝠算法、变异蝙蝠算法不善于解决存在多个局部极小点的多模态问题。由此可见，MFBA 算法在多样化的优化问题中都能够达到理想的优化效果。

2.6.3 多阶段自适应信息素机制蚁群算法

蚁群算法利用正反馈原理进行路径的选择，通过蚁群走过路径的信息素积累实现，正反馈机制虽然能强化较好解，但却容易使算法出现停滞现象，即只取得了局部最优解就停止，因此蚁群算法的单一信息素更新机制不能完全反映真实蚁群社会的协同寻优机制，也不能满足达到全局最优解的要求。为此，提出多阶段自适应信息素机制蚁群优化（MAPACO）算法。MAPACO 算法的基本思想是：依照不同阶段对精英蚂蚁释放信息素浓度需求不同进行信息素浓度更新，在搜索前期，加入最差路径对当代最优路径的退步项，减少前期搜索到局部最优路径的信息素浓度值，促进后面的蚂蚁有更多的路径可以选择；在搜索中期，为了加快收敛、促使信息素的快速聚集，加入当前最优路径对最差路径的进步项，使得好的路径可以和差的路径区别开；在搜索后期，加入混沌扰动，以达到扩展搜索范围、优化全局搜索能力、防止过早停滞的效果。

2.6.3.1　标准蚁群算法

蚁群算法自提出以来，在解决旅行商问题(Traveling Salesman Problem, TSP)[122]中有突出优势，下面通过 TSP 对标准蚁群算法进行详细说明。

TSP 一般描述为：有一个旅行商需要访问 n 个城市，限制条件是每个城市都要经过且只经过一次，最后返回起始城市，最终要求求得在所有满足条件的路径中，选择出最短的路径方案。

在 TSP 中两城市 i、j 之间的距离为 $d_{ij}(i,j,=1,2,\cdots,n)$，蚂蚁的数量为 m，第 t 次迭代蚂蚁 k 从城市 i 转移到城市 j 的概率设为 $P_{ij}^k(t)$，其计算公式如式(2-65)所示：

$$P_{ij}^k=\begin{cases}\dfrac{[\tau_{ij}(t)]^{\alpha}[\eta_{ij}(t)]^{\beta}}{\sum\limits_{s\in \text{allow}_k}[\tau_{is}(t)]^{\alpha}[\eta_{is}(t)]^{\beta}} & s\in \text{allow}_k\\ 0 & s\notin \text{allow}_k\end{cases} \tag{2-65}$$

式中

$\tau_{ij}(t)$——第 t 次迭代城市 i 与城市 j 连接路径上的信息素浓度，且 $\tau_{ij}(0)=\tau_0$；

α——信息素重要程度因子；

β——启发函数重要程度因子；

$\eta_{ij}(t)=1/d_{ij}$——蚂蚁从城市 i 转移到城市 j 的期望程度，为启发函数；

$x_{id}(t)$、$x_{id}(t+1)$——第 t、$t+1$ 代蝙蝠 i 的第 d 维位置；

$p_{gd}(t)$——第 t 代全局最优蝙蝠 g 的第 d 维位置。

特别的，$\text{allow}_k(k=1,2,\cdots,m)$ 为蚂蚁 k 待访问城市的集合，allow_k 最初有 $n-1$ 个元素，包括除蚂蚁 k 出发城市外的所有城市，随着搜索时间的增加，allow_k 中元素越来越少，当 allow_k 为空时蚂蚁访问完所有城市。

由于蚂蚁释放信息素的同时，路径上的信息素浓度会进行挥发，将挥发浓度用信息素挥发因子 $\rho(0<\rho<1)$ 表示，因此，当所有蚂蚁循环一次后，各个城市间连接路径上的信息素会产生变化，更新公式如式(2-66)~(2-68)所示：

$$\tau_{ij}(t+1)=(1-\rho)\tau_{ij}(t)+\Delta\tau_{ij} \tag{2-66}$$

$$\Delta\tau_{ij}=\sum_{k=1}^{n}\Delta\tau_{ij}^k \tag{2-67}$$

$$\Delta\tau_{ij}^k=\begin{cases}Q/L_k & \text{第 } k \text{ 只蚂蚁从城市 } i \text{ 访问城市 } j\\ 0 & \text{其他}\end{cases} \tag{2-68}$$

其中，$\Delta\tau_{ij}^{k}$ 表示第 k 只蚂蚁在城市 i 与 j 连接路径上释放的信息素浓度和；$\Delta\tau_{ij}$ 表示所有蚂蚁在城市 i 与 j 连接路径上释放的信息素浓度和；Q 表示影响系数，为一常数；L_k 表示蚂蚁完成一次循环后经过的所有路径长度。

2.6.3.2 多阶段自适应信息素机制蚁群算法

1. 局部信息素更新机制

标准蚁群算法是在所有蚂蚁完成一次循环后才进行信息素更新，这样不能实时地根据信息素的变化来影响后面蚂蚁的选择，为此引入了局部信息素在线更新规则，当蚂蚁在构建路径时，每一次选择完成时，就会局部更新刚才经过边的信息素，当所有蚂蚁路径构建完成后，再全局更新构建路径上经过的所有边的信息素。这样通过引入局部信息素在线更新规则，可以降低当前蚂蚁走过边的信息素浓度，从而使后面的蚂蚁可以选择其他的边进行路径的构建，扩大了蚂蚁的搜索空间，提高了蚂蚁搜索到全局最优解的能力。

(1) 在对信息素更新机制进行改善前，要限制信息素浓度范围，将每条路径上的信息素浓度设在$(\tau_{\min},\tau_{\max})$之间，通过这种对信息素浓度的刚性调整，可以避免某一条路径上信息素浓度过大或过小的现象，从而提高算法的效率。

(2) 局部信息素更新公式如式(2-69)所示：

$$\tau_{ij}(t+1)=(1-\xi)\tau_{ij}(t)+\eta\tau_0 \tag{2-69}$$

其中，$\xi\in[0,1]$为信息素局部挥发因子；τ_0 为各路径上的初始信息素浓度值，令 $\tau_0=\tau_{\max}$；$\eta\in[0,1]$为初始信息素遗留因子；τ_{ij} 为迭代 t 次时路径$(i,\ j)$上的信息素数量。

2. 多阶段自适应全局信息素更新机制

为了弥补标准蚁群算法中信息素更新机制单一的不足，提出多阶段自适应的全局信息素更新机制，具体方式如下：

(1) 在搜索初期，为使算法具有良好的种群多样性，受人类在相处过程中好的习惯和坏的习惯会对身边的人产生不同的影响现象的启发，即所谓“近朱者赤，近墨者黑”，在初期，加入最差路径对当代最优路径的退步项，使得原本释放在最优路径上的信息素浓度值变成负数，即减少了前期搜索到局部最优路径的信息素浓度值，促进后面的蚂蚁有更多的路径可以选择，具体第一阶段全局信息素更新公式如式(2-70)所示：

$$\tau_p(t+1)=(1-\rho)\tau_p(t)+Q_1(L_g(t)-L_w(t))\quad 1\leqslant t\leqslant t_1 \tag{2-70}$$

（2）在搜索中期，由于在搜索初期信息素浓度已经较好地分散开，蚂蚁选择的路径范围广泛，接下来为了加快收敛，促使信息素的快速聚集，加入当前最优路径对最差路径的进步项，使得好的路径可以和差的路径区别开，提高收敛效率，信息素更新公式为

$$\tau_p(t+1)=(1-\rho)\tau_p(t)+Q_2(L_w(t)-L_g(t))\quad t_1<t\leqslant t_2 \tag{2-71}$$

式（2-70）和式（2-71）中

$\tau_p(t)$——迭代次数为 t 时当代最优路径信息素；

$\tau_p(t+1)$——迭代次数为 $t+1$ 时当代最优路径信息素；

t_1、t_2——前期、中期搜索停滞阈值；

ρ——信息素全局挥发因子；

Q_1、Q_2——影响系数；

$L_g(t)$、$L_w(t)$——迭代 t 次全局最优、最差路径长度。

3. 添加混沌扰动的全局信息素更新机制

在 MAPACO 算法搜索后期，为了有效地抑制由于最优最差路径上信息素差距的急剧增大而引起的停滞现象，在增加当前最优路径对最差路径进步项的同时引入一种能有效跳出局部最优的混沌搜索算法，具体引入方式是在信息素更新方程中加入混沌扰动因子。

混沌是非线性系统所特有的一种非周期运动现象，是一种介于规则和随机之间的运动行为。由于混沌运动具有随机性、遍历性和初值敏感性的特点，在算法中加入混沌可以提高算法的收敛精度。主要思路是：将待优化的自变量通过混沌映射规则映射到混沌变量空间的取值区间内，利用混沌变量的遍历性和随机性寻优搜索，最后将获得的优化解线性转化到优化空间。有很多能产生混沌序列的模型，目前常用的混沌搜索算法有 Logistic 混沌映射、Tent 混沌映射、Sine 映射等，本节采用 Logistic 混沌映射，该模型是应用范围较广的一维混沌系统，具体定义如式（2-72）所示：

$$x_{k+1}=\mu x_k(1-x_k)\quad 0<x_k<1,k=1,2,\cdots \tag{2-72}$$

其中，μ 为分支参数，当 $3.5699<\mu\leqslant 4$ 时，Logistic 混沌映射出现混沌状态。μ 取值越接近 4 的时候，其混沌序列的遍历性和伪随机性越明显。但 Logistic 映射遍历时存在断点现象，断点区间为[3.82, 3.84]，实验时要注意避开此区间，所以 μ 的取值范围为 3.85~4；x_k 为第 k 次混沌迭代的数值；x_{k+1} 第 $k+1$ 次混沌迭代的数值。

本节所提出的搜索后期信息素的更新机制具体是指,通过 Logistic 混沌映像产生混沌伪随机信号,将混沌以一种类似载波的方式引入到最后一阶段的信息素更新,通过在信息素更新引入混沌扰动,实现防止其早熟收敛的目的。加入混沌小扰动的最后一阶段即 $t_2<t\leq t_{max}$ 全局信息素更新公式如式(2-73)所示:

$$\tau_p(t+1)=(1-\rho)\tau_p(t)+Q_3(L_w(t)-L_g(t))+\omega\cdot z_p(t)\qquad t_2<t\leq t_{max} \tag{2-73}$$

混沌映像伪载波机制如式(2-74)所示:

$$chz_p=\frac{z_p-z_{min}}{z_{max}-z_{min}} \tag{2-74}$$

进而更新 z_p,则如式(2-75)所示:

$$z_p=z_{min}+chz_p(z_{max}-z_{min}) \tag{2-75}$$

式中

Q_3——影响系数;

ω——扰动系数;

z_p——加入扰动后的信息素;

z_{min}、z_{max}——扰动量最小值和最大值;

chz_p——Logistic 混沌映像产生的混沌序列。

2.6.3.3 算法测试

本节通过对旅行商问题标准测试库(TSPLIB)中的 chn31、att48、eil51、ch130 和 ch150 五个问题进行测试,考察所提 MAPACO 算法的优化性能。将所提 MAPACO 算法与 ACO 算法、文献[123]引入差分进化(Differential Evolution, DE)交叉、变异的混合微粒群算法——PSO-DE 算法,进行对比,算法参数设置见表 2-22。

表 2-22 3 种算法的参数设置

参数	ACO	PSO-DE	MAPACO
蚂蚁/粒子个数 m	20	20	20
扰动系数 ω	—	—	1.2
信息素重要程度因子 α	1	—	1
启发函数重要程度因子 β	5	—	5

续表 2-22

参数	ACO	PSO-DE	MAPACO
信息素全局挥发因子 ρ	0.4	—	0.4
初始信息素遗留因子 η	—	—	0.1
信息素局部挥发因子 ξ	—	—	0.2
影响系数 Q_1	—	—	1×10^{-9}
影响系数 Q_2	—	—	5×10^{-7}
影响系数 Q_3	—	—	5×10^{-5}
前期搜索停滞阈值 t_1	—	—	200
中期搜索停滞阈值 t_2	—	—	500
分支参数 μ	—	—	4
扰动量最小值 z_{min}	—	—	0.000 1
扰动量最大值 z_{max}	—	—	1
最大迭代次数 t_{max}	2 000	2 000	2 000

为了更直观地比较三种算法的优化性能优劣，将三种算法在五个路径优化问题的每次迭代路径长度变化进行对比，如图 2-16 所示。

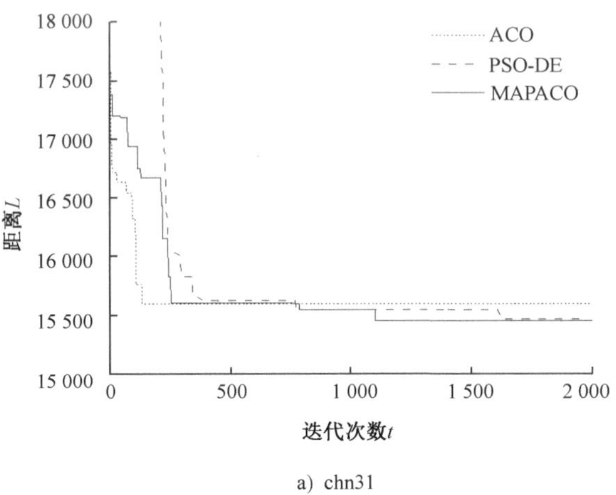

a) chn31

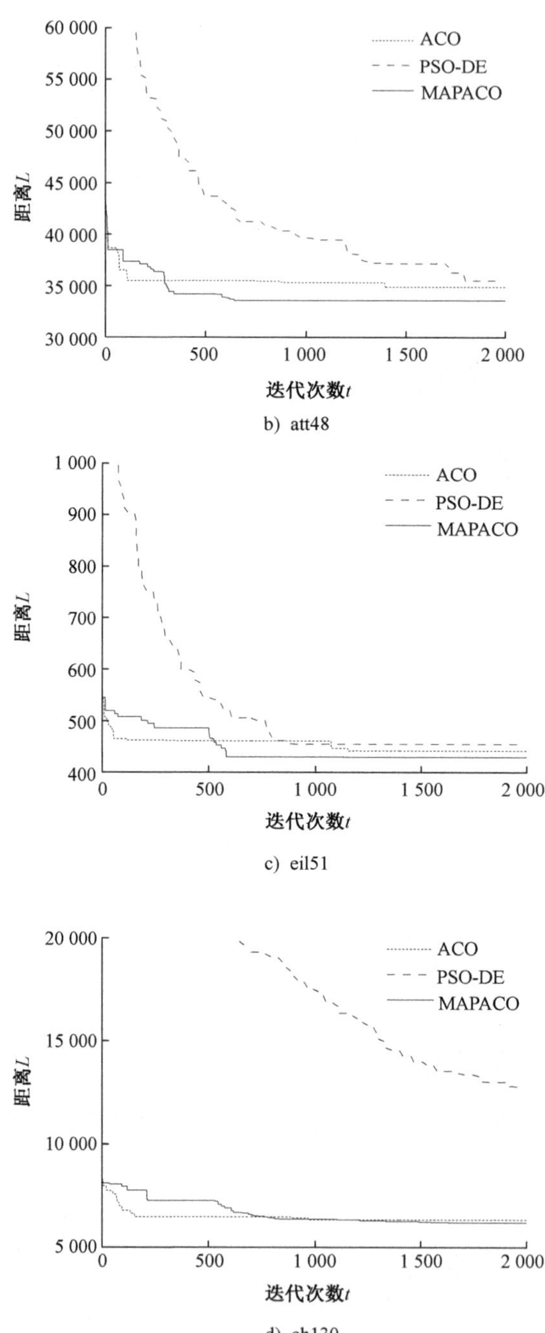

b) att48

c) eil51

d) ch130

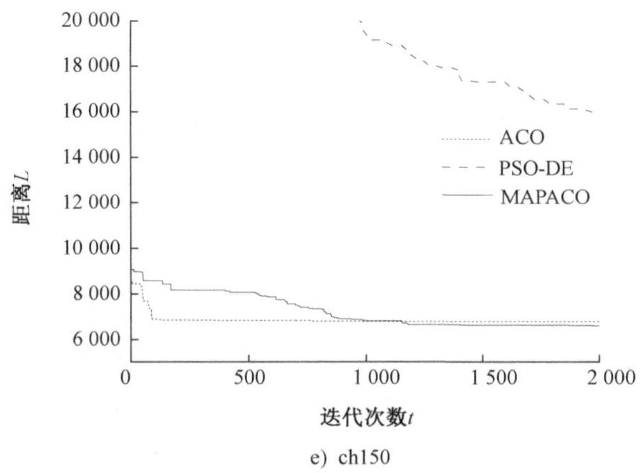

e) ch150

图 2-16　最优路径长度变化对比图

由图 2-16 中的对比曲线图可以看出，ACO 算法开始收敛的最快，但一旦开始收敛后就很难跳出局部最优解，所以收敛精度不高；PSO-DE 在解决中小规模问题时算法的收敛精度较好，但当解决 130、150 等较大规模问题时，该算法效果远远差于 ACO、MAPACO 算法；MAPACO 算法开始收敛得较早，并能多次跳出局部最优解，在上述 TSP 问题中都能达到很好的优化效果。

为了进一步证明 MAPACO 的优化性能，在与前面两种算法进行对比之外，又与文献[124]中的基于动态局部搜索蚁群算法（Dynamic Local Ant Colony Algorithm，DLACA）进行对比，将所有算法参数设置同文献[124]保持一致，文献中未涉及的参数在设置时参照表 2-22，表 2-23 表示的是四种算法对 chn31、att48、eil51、ch130 和 ch150 五个问题进行 10 次独立实验的结果统计。

表 2-23　实验结果

TSP 实例		chn31	att48	eil51	ch130	ch150
ACO	平均值	15 623.5	35 115.3	446.2	6 435.2	6 813.7
	标准差	**68.4**	**154.5**	**2.3**	**53.6**	**18.9**
	最优解	15 601.9	34 891.6	436.9	6 337.8	6 790.2
PSO-DE	平均值	15 912.8	37 196.3	478.4	13 730	16 420.8
	标准差	443.2	1 268.9	15	757.8	453.4
	最优解	15 476.5	35 505.7	455.4	12 778.8	15 791.9
DLACA[124]	平均值	—	33 953	436.9	6 317.5	6 698
	标准差	—	—	—	—	—
	最优解	—	33 549	431.2	6 270.7	6 617.3

续表 2-23

TSP 实例		chn31	att48	eil51	ch130	ch150
MAPACO	平均值	**15 415.5**	**33 775.2**	**431.8**	**6 255.2**	**6 671.9**
	标准差	69.6	190.9	3.5	66.6	67.7
	最优解	**15 377.8**	**33 523.7**	**428.9**	**6 159.8**	**6 570.8**
理论最优解		15 377	33 522	426	6 110	6 528

由表 2-23 的实验结果可以看出，PSO-DE 算法的优化能力受城市规模的大小影响较大，城市规模越大优化能力越差；ACO 算法虽然标准差略好于 MAPACO 算法，但是寻找最优路径的能力较差；DLACA 的平均值和最优解都好于 ACO 算法，可以说明该算法在 ACO 基础上改进的效果是有效的；而所提出的 MAPACO 算法都能找到最接近已知最优解的解，并且标准差也较好。所以所提 MAPACO 算法无论在寻优精度还是寻优的稳定性上都具有较大优势。

2.6.4 多阶段自适应蝙蝠-蚁群混合群智能算法

蝙蝠算法收敛速度快但搜索精度低。蚁群算法初始搜索时间较长，将蚂蚁的搜索行为集中到最优解附近可以提高解的质量和搜索速度。

结合前面提出的 MFBA 算法全局性搜索能力强，而 MAPACO 算法局部精细化搜索能力强的特点，充分利用两种算法的优势，提出将 MFBA 算法和 MAPACO 算法顺序串联的 MFBA-MAPACO 混合群智能算法，可以克服单种生物种群先天局限所致的优化和适用不足。用 MFBA 算法进行前期优化，当搜索停滞后，以其所得最优解位置周边作为 MAPACO 算法的初始搜索范围，再利用 MAPACO 算法进行后期搜索，从而帮助跳出前期搜索到的局部最优解，向全局最优解靠拢。

MFBA-MAPACO 混合群智能算法继承了 MFBA 算法与 MAPACO 算法各自的优点，既能避免 MFBA 算法出现容易快速收敛到局部最优的不足，也能改善 MAPACO 算法在运算初期信息素差异不大导致需较长时间聚集在最优解附近的不足，实现两种算法的协同配合，形成优势互补。

当 MFBA-MAPACO 算法的迭代次数达到前后期切换迭代次数 t_c 时，前期搜索结束，t_c 需满足三个条件，如式(2-76)所示：

$$
\begin{cases}
F(P_g(t_c)) = F(P_g(t_{hmax})) \\
F(P_g(t_c - 1)) \neq F(P_g(t_{hmax})) \\
\dfrac{F(P_g(t_{hmax})) - F(P_g(t_c))}{t_{hmax} - t_c} = 0
\end{cases}
\tag{2-76}
$$

其中,t_{hmax} 为 MFBA-MAPACO 算法的最大迭代次数;$P_g(t_c)$、$P_g(t_{\max})$、$P_g(t_c-1)$ 分别为第 t_c、t_{hmax}、t_c-1 代全局最优蝙蝠 g 的位置;$F(\cdot)$ 为适应度函数。

MFBA-MAPACO 算法流程图如图 2-17 所示。

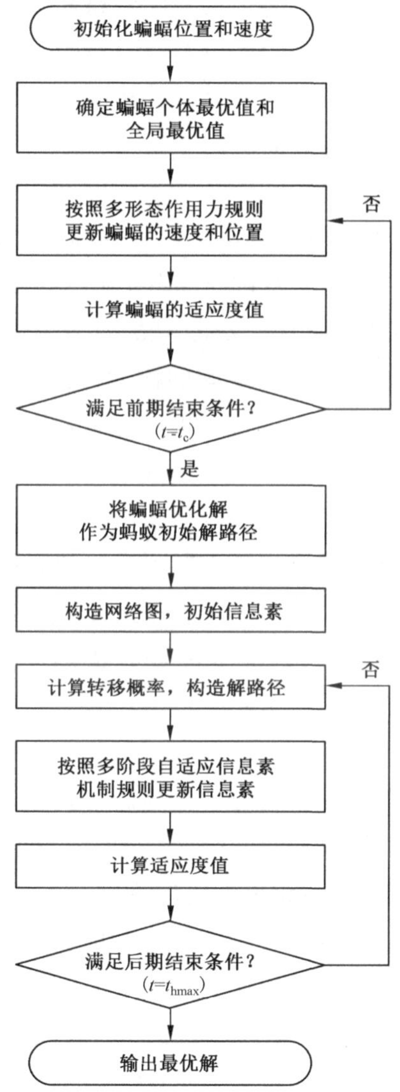

图 2-17　MFBA-MAPACO 算法流程图

MFBA-MAPACO 算法的优化效果,将在第 3 章 3.4 节介绍。

2.7 多策略改进樽海鞘群优化算法

樽海鞘群算法(Salp Swarm Algorithm, SSA)是 Seyedali Mirjalili 等学者于 2017 年提出的一种新型智能优化算法[29]。其寻优思想来源于樽海鞘链的移动与觅食行为。由于当前对 SSA 算法的理论研究尚在起步阶段,其寻优精度、寻优速度等性能指标还有待进一步提高。目前,樽海鞘群算法的研究进展主要集中在种群分布与参数设置、搜索机制的改进等方面。

1. 种群分布与参数设置

文献[125]采用 Tent 混沌映射策略将初始种群均匀分布于整个搜索空间,用于增加种群分布的随机性与遍历性,进而提高初始解的质量,并通过引入惯性权重 w 来平衡追随者的探测与开发能力。文献[126]首先采用反向学习策略,用于提高种群分布的多样性,进而增强对搜索空间的探索;其次通过对收敛因子 c_1 添加随机函数,以更好地平衡 SSA 算法在迭代过程中的局部开发和全局探索能力;最后将改进的樽海鞘群算法用于精准识别光伏电路系统中的二极管模型参数。文献[127]通过将樽海鞘群算法中决定领导者移动步长的随机参数 c_2 替换为由混沌映射策略生成的混沌变量,有效提高了樽海鞘群算法的寻优精度与寻优稳定性。文献[128]通过将樽海鞘群算法中决定领导者搜索方向的随机参数 c_3 替换为引力搜索算法中的加速度系数,并代入领导者位置更新公式,有效增强了算法的搜索速度。

2. 搜索机制的改进

文献[129]将粒子群算法中的部分速度更新公式融入追随者的位置更新公式中,以提高樽海鞘群算法的寻优性能。文献[130]在领导者更新阶段添加衰减因子,提高算法的局部开发能力,在跟随者更新阶段引入动态学习策略,提高算法的全局搜索能力。文献[131]采用正交学习策略帮助适应度值较差的樽海鞘摆脱局部最优解,并采用二次插值策略增加算法的局部开发能力。文献[132]提出一种双型领导者的改进樽海鞘群算法。其中,基于正态过程搜索的Ⅰ型领导者,有效提升了算法的全局搜索能力,Ⅱ型领导者集中在最优解附近,受到锯齿状变化参数的影响,兼顾全局探索和局部开发两种功能。文献[133]将正余弦算法融入樽海鞘群算法的位置更新公式中,有效提高了 SSA 算法的寻优精度,并增强了算法的收敛特性。文献[134]将一维正态云模型引入领导者的位置更新公式中,并对追随者的位置更新公式添加自适应算子,用以提高算法的寻优精度,并将改进算法用于优化四旋翼飞行器的姿态控制。文献[135]将差分进化算法融入樽海鞘群算法中,用于增强种群个体的局部开发能力。文献[136]提出一种人群搜索算法与樽海鞘群算法并行搜索的混合算法,二者在迭代过程中独立运行,并通过信息共享机制实现对种群最优解的更新。

本节为进一步提高樽海鞘群算法的寻优性能,将围绕算法的种群分布、参数设置及搜索机制进行研究,提出一种添加逐维重心反向学习、随机因子及粒子群社会学习策略的改进樽海鞘群算法[41]。

2.7.1　樽海鞘群算法原理

樽海鞘是一种海洋无脊椎动物,主要以水中浮游生物为食,通过吸入和喷出海水完成在海洋中的移动。与大多数海洋生物以“群”的聚集形式所不同的是,樽海鞘种群通常组成“链”的聚集形式,即种群个体间呈现一种首尾紧密相接的链状形态。在整个樽海鞘链的移动过程中,位于最前端的樽海鞘被认为是领导者,其位置移动受到食物源的引导,其余樽海鞘被认为是追随者,其位置移动与相邻樽海鞘有关,并受到领导者的间接引导。

为了平衡算法的开发与探索,通常将前 50%的樽海鞘认为是领导者,后 50%的樽海鞘认为是追随者。假设:樽海鞘群 $\boldsymbol{X}$ 分布在一个 $N\times D$ 维的空间中。其中“N”表示樽海鞘群由 N 个樽海鞘组成,“D”表示樽海鞘个体包含 D 个决策变量。由 N 个樽海鞘组成种群 $\boldsymbol{X}=(\boldsymbol{X}_1,\boldsymbol{X}_2,\cdots,\boldsymbol{X}_N)$,向量 $\boldsymbol{X}_i=(x_1^i,x_2^i,\cdots,x_D^i)$ 表示第 i 个樽海鞘在 D 维空间中的位置。综上,樽海鞘组成的种群矩阵为

$$\boldsymbol{X}=\begin{pmatrix} x_1^1 & x_2^1 & \cdots & x_D^1 \\ x_1^2 & x_2^2 & \cdots & x_D^2 \\ \vdots & \vdots & & \vdots \\ x_1^N & x_2^N & \cdots & x_D^N \end{pmatrix}$$

领导者的位置更新公式为[137]

$$x_j^i=\begin{cases} F_j+c_1((ub_j-lb_j)c_2+lb_j) & 0\leqslant c_3<0.5 \\ F_j-c_1((ub_j-lb_j)c_2+lb_j) & 0.5\leqslant c_3\leqslant 1 \end{cases} \tag{2-77}$$

其中,x_j^i 表示第 i 个领导者在第 j 维空间中的位置;F_j 表示食物源在第 j 维空间中的位置;ub_j 和 lb_j 分别表示在第 j 维空间中的搜索上下限;c_2 和 c_3 为[0, 1]区间内的随机数,分别表示在第 j 维空间中的移动步长与移动方向(正向或负向)。

c_1 为收敛因子,用以平衡算法的开发与探索,其更新公式为

$$c_1 = 2e^{-(4t/T)^2} \tag{2-78}$$

其中,t 表示当前迭代次数;T 表示最大迭代次数。

追随者的位置更新公式为

$$x_j^i = \frac{1}{2}(x_j^i + x_j^{i-1}) \tag{2-79}$$

其中,x_j^i 和 x_j^{i-1} 分别表示第 i 个追随者与第 $i-1$ 个追随者在第 j 维空间中的位置。

樽海鞘群算法的执行步骤:

Step1　算法初始参数设置:最大迭代次数 T,种群规模 N,种群维度 D,以及搜索空间上下限[lb, ub]。

Step2　樽海鞘群的位置初始化。根据式 $\boldsymbol{X} = lb + \text{rand}(N,D) \times (ub - lb)$ 随机生成樽海鞘群的初始位置。

Step3　计算所有樽海鞘的适应度值,并按照适应度值从小到大的顺序对樽海鞘进行排序,则适应度值最小的樽海鞘被认定为食物源 F。

Step4　进入算法的迭代循环,并根据式(2-78)更新收敛因子 c_1。

Step5　根据式(2-77)更新领导者位置。

Step6　根据式(2-79)更新追随者位置。

Step7　对上述樽海鞘位置进行边界条件处理。若更新后的樽海鞘位置超出搜索空间上下限,则重新进行位置的初始分布。

Step8　将更新后樽海鞘的适应度值与食物源的适应度值进行比较,并将适应度值更优的樽海鞘认定为新的食物源 F。

Step9　当算法迭代完第 T 次时,输出食物源 F 及其适应度值,否则返回 step4 继续进行算法的迭代寻优。

综上所述,SSA 算法的迭代更新流程图如图 2-18 所示。

2.7.2　改进的樽海鞘群算法

2.7.2.1　添加逐维重心反向学习的 DCOSSA 算法

很多智能优化算法在迭代更新过程中是对种群个体的维度信息进行整体更新,进而根据目标函数适应度值的优劣,选择淘汰或者进化该种群个体。由于不能保证进化种群个体的每一处维度信息均优于被淘汰种群个体的维度信息,因此,上述的更新方式会掩盖被淘汰个体的部分优质维度信息,进而降低算法的寻优效率

及寻优精度。基于此,本节将逐维重心反向学习策略[138-139]用于樽海鞘群算法的迭代更新,进而提出一种添加逐维重心反向学习的樽海鞘群算法(Dimension-by-Dimension Centroid Opposition-Based Learning of Salp Swarm Algorithm, DCOSSA)。

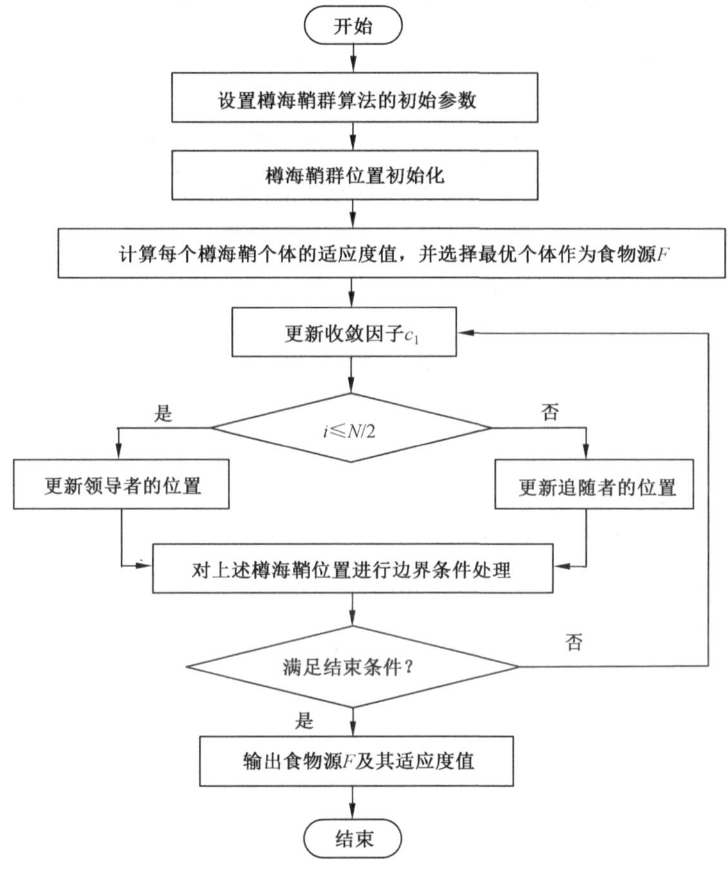

图 2-18　SSA 算法流程图

首先,逐维更新策略是指:算法在迭代更新时,由以往对种群个体的维度信息进行整体更新后,再根据目标函数比较各种群个体间的适应度值优劣,改为先更新单个种群个体的第一处维度信息,然后在保持该个体其他维度信息不变的情况下,若更新该维度信息后的个体适应度值优于未更新维度信息前的个体适应度值,则保留更新后的该维度信息,否则继续保留原维度信息,并依次进行其他维度信息的更新,直至将单个种群个体的维度信息都更新完毕后,再与同样经过上述步骤的其他种群个体进行适应度值的比较。

由于逐维更新策略是将仅改变某一处维度信息的个体与未改变该处维度信息的个体进行适应度值比较，因此，在进行适应度值比较时可以保证优质的个体维度信息不会被覆盖。但在求解高维度的目标函数时，该策略会大大增加算法的时间复杂度。经过测试发现，仅对全局最优个体添加逐维更新策略，可以保证在不会大幅度增加算法时间复杂度的条件下，仍然可以获得较好的寻优性能。

其次，反向学习策略是指：同时计算当前点与其反向点的适应度值，并根据适应度值将二者中较优的维度信息保留给下一代[140]。由于反向学习策略同时搜索当前点与其反向点，因此，该策略可以增加樽海鞘种群的多样性，有效增强算法跳出局部最优解的能力。反向学习策略的定义如下所示：

定义 2-1 若 x 表示某一维空间中的任意一个点，且 $x \in [lb,\ ub]$，则其反向点 $\tilde{x}$ 定义为

$$\tilde{x}=lb+ub-x \tag{2-80}$$

为了更加形象地解释上述定义，图 2-19 展示了反向点 $\tilde{x}$ 在该维度下的空间位置。

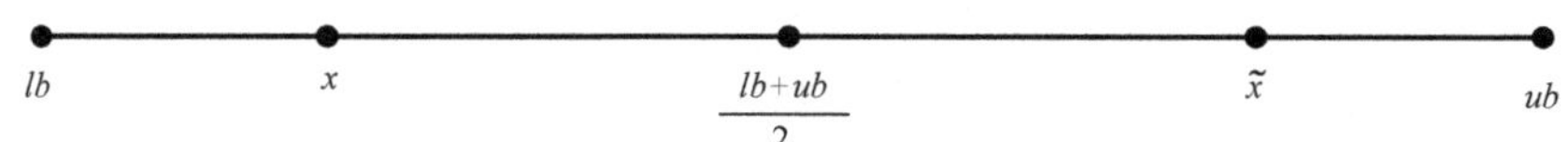

图 2-19 反向点示意图

由图 2-19 可知，x 到 $\frac{lb+ub}{2}$ 的距离为 $\left|\frac{lb+ub}{2}-x\right|=\frac{lb+ub}{2}-x$。由式(2-80) 可知，$\tilde{x}$ 到 $\frac{lb+ub}{2}$ 的距离为 $\left|\tilde{x}-\frac{lb+ub}{2}\right|=\left|lb+ub-x-\frac{lb+ub}{2}\right|=\left|\frac{lb+ub}{2}-x\right|=\frac{lb+ub}{2}-x$。因此，线段上任意点 x 到区间中点的距离等同于其反向点 $\tilde{x}$ 到区间中点的距离，且该反向点 $\tilde{x}$ 同样位于区间$[lb,\ ub]$内。

定义 2-2 若 $\boldsymbol{X}_i=(x_1^i,x_2^i,\cdots,x_D^i)$ 表示某 D 维空间中的任意一个点，且 $x_j^i \in [lb_j,\ ub_j]$，则其反向点 $\tilde{\boldsymbol{X}}_i=(\tilde{x}_1^i,\tilde{x}_2^i,\cdots,\tilde{x}_D^i)$ 定义为

$$\tilde{\mathrm{x}}_j^i=lb_j+ub_j-x_j^i \quad 1 \leqslant j \leqslant D \tag{2-81}$$

最后，重心反向学习策略则是在反向学习策略基础上的一种利用种群重心来计算反向点的改进策略[141]。该策略避免了反向学习策略始终根据恒定搜索空间的上下限来计算反向点的问题，而是充分考虑了种群的位置边界随迭代更新而时

刻变化,进而可以利用种群位置分布的动态边界来计算反向点,这使得在增加种群多样性的同时,生成的反向点可以在种群重心附近进行充分的局部开发,以提高算法的寻优精度。重心反向学习策略的定义如下所示:

定义 2-3 若 $\boldsymbol{X}=(\boldsymbol{X}_1,\boldsymbol{X}_2,\cdots,\boldsymbol{X}_N)^{\mathrm{T}}$ 表示某 D 维搜索空间中的 N 个点,那么其重心 $\boldsymbol{M}$ 定义为

$$\boldsymbol{M}=\frac{\boldsymbol{X}_1+\boldsymbol{X}_2+\cdots+\boldsymbol{X}_N}{N} \tag{2-82}$$

也就可以得到

$$M_j=\frac{\sum_{i=1}^{N} x_j^i}{N} \tag{2-83}$$

其中,M_j 表示 N 个樽海鞘在第 j 维空间中的位置重心。

定义 2-4 若 $\boldsymbol{X}_i=(x_1^i,x_2^i,\cdots,x_D^i)$ 表示某 D 维空间中的任意一个点,且 $x_j^i\in[lb_j,ub_j]$,则其重心反向点 $\widetilde{\boldsymbol{X}}_i$ 定义为

$$\begin{cases}\widetilde{\boldsymbol{X}}_i=2\times\boldsymbol{M}-\boldsymbol{X}_i & 1\leqslant i\leqslant N\\ \tilde{x}_j^i=2\times M_j-x_j^i & 1\leqslant j\leqslant D\end{cases} \tag{2-84}$$

综上所述,添加逐维重心反向学习策略的樽海鞘群算法的执行步骤:首先,通过式(2-82)计算种群重心,并根据式(2-84)计算食物源的重心反向点;其次,将食物源第一处的维度信息替换为食物源重心反向点的第一处维度信息,如果更新该维度信息后的食物源适应度值优于未更新该维度信息的食物源适应度值,则食物源保留该重心反向点的维度信息,否则丢弃该重心反向点的维度信息;最后,按维度顺序继续更新食物源下一处的维度信息,直至食物源的维度信息都更新完毕。

2.7.2.2 添加随机因子的 DCORSSA 算法

根据领导者和追随者位置更新公式(2-77)及式(2-79)可知,领导者根据食物源进行位置更新,追随者依靠相邻两樽海鞘进行位置更新,并受到领导者的间接引导。因此,当领导者未陷入局部最优解时,追随者可以利用这种逐级搜索的更新机制进行充分的局部开发,但同时也会导致食物源信息无法快速传递给每一个追随者,从而降低算法的种群收敛速度;当领导者陷入局部最优解时,由于领导者无法提供准确的引导作用,追随者又以恒定的搜索机制进行迭代寻优,从而导致追随者易陷入局部最优解,进而降低算法的寻优精度。

由于追随者搜索机制是固定的，缺乏动态调整，因此，本节在 DCOSSA 算法的基础上，提出了一种添加逐维重心反向学习的随机樽海鞘群算法(Dimension-by-Dimension Centroid Opposition-Based Learning and Random Factor of Salp Swarm Algorithm, DCORSSA)，即在原有追随者位置更新公式(2-79)的基础上，乘以一个介于[0, 1]区间内的随机因子 c_4，使得追随者樽海鞘可以在原有基础上进行一定范围内的随机分布，以增强追随者位置更新的多样性，改进的追随者位置更新公式为

$$x_j^i = \frac{c_4}{2}(x_j^i + x_j^{i-1}) \tag{2-85}$$

2.7.2.3 添加粒子群算法的 DCORSSA-PSO 算法

由于上述追随者樽海鞘的个体间仍然采用逐个转移食物源信息的共享机制，这使得食物源信息难以快速传递到每个追随者樽海鞘。因此，本节在 DCORSSA 算法的基础上进一步引入粒子群算法中的社会学习策略，从而提出了一种添加逐维重心反向学习、随机因子及粒子群社会学习策略的樽海鞘群算法(Dimension-by-Dimension Centroid Opposition-Based Learning and Random Factor of Salp Swarm Algorithm with Particle Swarm Optimization's Social Learning Strategy, DCORSSA-PSO)，即将粒子群算法速度更新公式(2-3)中的社会学习策略引入 DCORSSA 算法的追随者位置更新公式中，这使得樽海鞘在增加自身位置随机分布的基础上，可以充分利用食物源对樽海鞘个体的直接引导作用，以加强追随者樽海鞘向食物源位置移动的趋势，其更新公式为

$$x_j^i = x_j^i + c_5 \times \mathrm{rand}(0,1) \times (F_j - x_j^i) \tag{2-86}$$

其中，F_j 表示食物源在第 j 维空间中的位置；c_5 表示社会学习因子，取 $c_5=1.49$。

DCORSSA-PSO 运行伪代码如下所示：

算法初始参数设置：最大迭代次数 T，种群规模 N，种群维度 D，以及搜索空间上下限[lb, ub]。

根据式 $\boldsymbol{X}=lb+\mathrm{rand}(N,D)\times(ub-lb)$ 对种群位置进行初始化。

计算种群个体的适应度值，并使用 Sort 函数对其适应度值按照从小到大排序，并将排序第一的樽海鞘作为食物源 F。

for $t=1:T$

  根据式(2-78)更新收敛因子 c_1

  for $i=1:N$

```
    if i<=N/2
      根据式(2-77)更新领导者位置
  else
    根据式(2-85)增加追随者位置更新的多样性
    根据式(2-86)更新追随者位置
      end if
    end for
    更新食物源 F 及其适应度值
    根据式(2-82)计算种群重心位置
      for j=1 : D
        根据式(2-84)计算食物源位置处的重心反向点 F̃
        If f(F̃_j)优于 f(F_j)
        F_j=F̃_j
      end if
    end for
end for
输出食物源 F 及其适应度值
```

根据文献[29],SSA 算法的时间复杂度为 $O(T(D*N+Cof*N))$。式中,T 表示迭代次数;D 表示种群维度(待优化变量个数);N 表示种群规模;Cof 表示计算目标函数的成本。由于在每次迭代过程中,改进的 DCOSSA 算法都多计算了 D 次目标函数的成本,因此,增加了 $O(T(Cof*D))$ 的运算量,其总的时间复杂度为 $O(T(D*N+Cof*N+Cof*D))$。而在此基础上添加了随机因子的 DCORSSA 算法及粒子群社会学习策略的 DCORSSA-PSO 算法,由于并没有增加目标函数成本,因此,DCORSSA 算法和 DCORSSA-PSO 算法的时间复杂度仍为 $O(T(D*N+Cof*N+Cof*D))$。可以看出,上述改进的樽海鞘群算法的时间复杂度相同,且均高于标准 SSA 算法,并且时间复杂度随着迭代次数、种群维度及种群规模的增加而增加。

2.7.3　改进樽海鞘群算法的性能测试

如表 2-24 所示,本节采用 3 种类型共 10 个经典的基准测试函数用于评估优化算法的寻优性能。其中,$f_1 \sim f_4$ 是测试算法寻优精度的单峰测试函数,$f_5 \sim f_8$ 是测试算法全局搜索能力的多峰测试函数,$f_9 \sim f_{10}$ 是测试算法开发与探索能力的病态测试函数。

表 2-24　基准测试函数

测试函数	范围	最小值
$f_1(x) = \sum_{i=1}^{n} x_i^2$	[−100, 100]	0
$f_2(x) = \sum_{i=1}^{n} \mid x_i \mid + \prod_{i=1}^{n} \mid x_i \mid$	[−10, 10]	0
$f_3(x) = \max_{i=1}^{n}\{\mid x_i \mid\}$	[−100, 100]	0
$f_4(x) = \sum_{i=1}^{n} (\mid x_i + 0.5 \mid)^2$	[−100, 100]	0
$f_5(x) = \sum_{i=1}^{n} (x_i^2 - 10\cos 2\pi x_i + 10)$	[−5.12, 5.12]	0
$f_6(x) = \frac{1}{4\,000}\sum_{i=1}^{n} x_i^2 - \prod_{i=1}^{n} \cos \frac{x_i}{\sqrt{i}} + 1$	[−600, 600]	0
$f_7(x) = 1 - \cos 2\pi \sqrt{\sum_{i=1}^{n} x_i^2} + 0.1\sqrt{\sum_{i=1}^{n} x_i^2}$	[−100, 100]	0
$f_8(x) = -20\exp\left(-0.2\sqrt{\frac{1}{n}\sum_{i=1}^{n} x_i^2}\right) - \exp\left(\frac{1}{n}\sum_{i=1}^{n} \cos 2\pi x_i\right) + 20 + e$	[−32, 32]	0
$f_9(x) = \sum_{i=1}^{n} i x_i^4 + \mathrm{rand}(0,1)$	[−1.28, 1.28]	0
$f_{10}(x) = \sum_{i=1}^{n-1} [100(x_{i+1} - x_i^2)^2 + (x_i - 1)^2]$	[−30, 30]	0

为了更加直观地展示各基准测试函数的空间分布结构，以测试函数 f_1、f_5、f_8、f_{10} 为例，图 2-20 给出了以等高线为基准的部分搜索范围的三维空间分布结构图。

由图 2-20 可以看出，单峰函数 $f_1(x)$ 的三维空间图为单调、对称的连续凹形曲面，算法不易陷入局部最优解，容易找到理论最优值；多峰函数 $f_5(x)$ 和函数 $f_8(x)$ 相比于单峰函数 $f_1(x)$ 而言，其三维空间曲面图呈现锯齿状，算法极易陷入局部最优解；病态函数 $f_{10}(x)$ 的三维空间图呈现高低起伏状，其全局最优值位于这条狭长的山谷中，并且由于算法不易找到合适的搜索方向，因此算法很难找到全局寻优解。

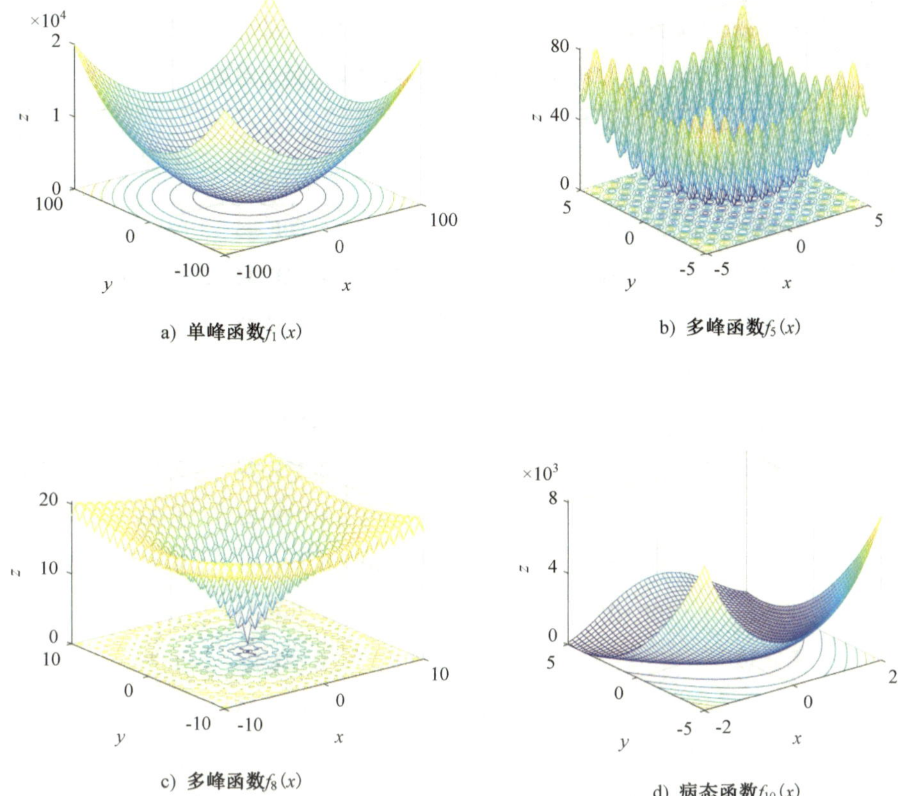

a) 单峰函数$f_1(x)$

b) 多峰函数$f_5(x)$

c) 多峰函数$f_8(x)$

d) 病态函数$f_{10}(x)$

图 2-20　部分测试函数三维空间分布结构图

计算机运行环境为 CPUi5-7200U，运行内存为 12GB，Windows10 系统，软件为 MATLAB 2019b。设置 SSA、DCOSSA、DCORSSA、DCORSSA-PSO、PSO 及灰狼算法（Grey Wolf Optimizer，GWO）相同的初始参数：最大迭代次数 $T=500$，种群规模 $N=30$，种群维度 $D=30$。各算法的相关参数如表 2-25 所示。

表 2-25　6 种优化算法的相关参数

算法	参数
SSA	$c_1\in[2\times e^{-16},\ 2\times e]$；$c_2\in[0,\ 1]$；$c_3\in[0,\ 1]$
DCOSSA	$c_1\in[2\times e^{-16},\ 2\times e]$；$c_2\in[0,\ 1]$；$c_3\in[0,\ 1]$
DCORSSA	$c_1\in[2\times e^{-16},\ 2\times e]$；$c_2\in[0,\ 1]$；$c_3\in[0,\ 1]$；$c_4\in[0,\ 1]$
DCORSSA-PSO	$c_1\in[2\times e^{-16},\ 2\times e]$；$c_2\in[0,\ 1]$；$c_3\in[0,\ 1]$；$c_4\in[0,\ 1]$；$c_5=1.49$
PSO	$w\in[0.4,\ 0.9]$；$c_1=c_2=1.49$
GWO	$r_1\in[0,\ 1]$；$r_2\in[0,\ 1]$

将各算法在同一测试函数中独立运行30次的平均值、最优值、标准差和平均运行时间作为算法寻优性能的评价指标。各算法运行结果如表2-26所示。

表2-26 DCORSSA-PSO与其他算法运行结果

函数	指标	SSA	DCOSSA	DCORSSA	DCORSSA-PSO	PSO	GWO
f_1	平均值	2.40E-07	2.28E-09	2.70E-27	**5.80E-44**	2.08E+02	1.42E-27
	最优值	3.70E-08	9.29E-12	6.45E-32	**1.42E-46**	5.82E+01	3.07E-29
	标准差	4.09E-07	5.16E-09	5.86E-27	**1.17E-43**	1.08E+02	1.82E-27
	时间/s	**1.01E-01**	1.99E-01	2.01E-01	2.11E-01	2.71E-01	1.70E-01
f_2	平均值	1.96	1.36E-05	1.00E-14	**7.80E-23**	6.3	7.96E-17
	最优值	1.71E-01	1.03E-06	6.24E-16	**2.12E-24**	3.57	4.54E-18
	标准差	1.46	3.95E-05	1.18E-14	**9.73E-23**	1.75	4.69E-17
	时间/s	**9.37E-02**	1.83E-01	1.80E-01	1.93E-01	2.41E-01	1.47E-01
f_3	平均值	1.20E+01	1.08	9.05E-15	**7.16E-23**	1.24E+01	8.01E-07
	最优值	5.19	1.36E-01	6.79E-17	**1.98E-24**	4.76	1.16E-07
	标准差	3.35	6.96E-01	1.29E-14	**8.06E-23**	3.19	7.47E-07
	时间/s	**9.07E-02**	1.75E-01	1.72E-01	1.85E-01	2.36E-01	1.41E-01
f_4	平均值	1.08E-07	**9.70E-10**	3.39E-07	6.50E-08	1.67E+02	7.97E-01
	最优值	2.54E-08	**9.62E-12**	2.56E-08	2.41E-08	5.07E+01	2.57E-01
	标准差	8.12E-08	**2.23E-09**	8.51E-07	2.66E-08	8.92E+01	2.57E-01
	时间/s	**9.29E-02**	1.79E-01	1.76E-01	1.91E-01	2.42E-01	1.44E-01
f_5	平均值	6.16E+01	4.64E-01	**0**	**0**	1.31E+02	3.42
	最优值	2.79E+01	2.80E-12	**0**	**0**	8.73E+01	**0**
	标准差	1.80E+01	5.68E-01	**0**	**0**	2.41E+01	4.36
	时间/s	**1.05E-01**	1.98E-01	1.92E-01	2.00E-01	2.59E-01	1.52E-01
f_6	平均值	9.54E-01	1.00E-01	**0**	**0**	2.65	4.12E-13
	最优值	8.49E-01	4.44E-02	**0**	**0**	1.57	5.00E-15
	标准差	4.30E-02	3.49E-02	**0**	**0**	1.04	4.65E-13
	时间/s	**1.22E-01**	2.42E-01	2.36E-01	2.46E-01	2.77E-01	1.70E-01

续表 2-26

函数	指标	SSA	DCOSSA	DCORSSA	DCORSSA-PSO	PSO	GWO
f_7	平均值	1.96	1.04	2.96E-15	**2.25E-23**	2.75	1.83E-01
	最优值	1	7.00E-01	1.22E-16	**1.86E-25**	1.8	9.99E-02
	标准差	4.18E-01	2.40E-01	2.99E-15	**2.90E-23**	4.88E-01	3.79E-02
	时间/s	**9.56E-02**	1.94E-01	1.91E-01	2.00E-01	2.46E-01	1.51E-01
f_8	平均值	2.46	7.58E-06	8.23E-15	**8.88E-16**	5.84	9.80E-14
	最优值	9.31E-01	7.50E-07	**8.88E-16**	**8.88E-16**	4.45	7.55E-14
	标准差	7.42E-01	1.01E-05	1.23E-14	**0**	8.80E-01	1.49E-14
	时间/s	**1.08E-01**	2.04E-01	1.98E-01	2.10E-01	2.62E-01	1.52E-01
f_9	平均值	1.51	5.48E-02	**6.72E-05**	7.24E-04	1.22	1.72E-02
	最优值	5.85E-01	1.73E-02	**1.32E-07**	7.12E-06	3.09E-02	8.50E-04
	标准差	6.72E-01	1.91E-02	**6.83E-05**	1.55E-03	1.23	1.55E-02
	时间/s	**1.59E-01**	3.16E-01	3.18E-01	3.27E-01	3.06E-01	2.09E-01
f_{10}	平均值	2.77E+02	5.65E+01	2.79E+01	**2.64E+01**	5.39E+03	2.69E+01
	最优值	**2.49E+01**	3.96E-02	2.74E+01	2.62E+01	5.89E+02	2.57E+01
	标准差	4.33E+02	4.31E+01	2.05E-01	**1.33E-01**	5.25E+03	7.83E-01
	时间/s	**1.24E-01**	2.47E-01	2.47E-01	2.60E-01	2.81E-01	1.78E-01

由表 2-26 中独立运行 30 次的结果可以看出,各算法在每个基准测试函数中的寻优性能均有所不同。其中,平均值和最优值被用来检验各算法的寻优精度。在测试函数 $f_1 \sim f_3$、f_7 中,DCORSSA-PSO 算法在平均值和最优值方面均优于其他算法。在测试函数 f_8 和 f_{10} 中,DCORSSA-PSO 算法在平均值方面优于其他算法。在单峰测试函数 f_1 中,DCORSSA-PSO 算法在最优值的精度上甚至比其他算法高出 10 个数量级以上。与 SSA 算法相比,DCOSSA 和 DCORSSA 算法的寻优精度也有一定的提高,这表明上述添加的寻优策略均有助于提高 SSA 算法的寻优性能。在多峰测试函数 f_5 和 f_6 中,DCORSSA-PSO 和 DCORSSA 算法甚至可以搜索到基准测试函数的理论最优值 0,显示出良好的搜索能力。但同时也要看到,在病态测试函数 f_9 中,DCORSSA-PSO 算法的最优值达到 7.12×10^{-6},虽然与 SSA 算法相比,其最优值和平均值均有所提高,但最优值不如 DCORSSA 算法。在病态测试函数 f_{10} 中,

虽然 DCORSSA-PSO 算法比 SSA 算法提高了平均值,但与 SSA 算法相比,其在最优值搜索方面仍然不足。在单峰测试函数 f_4 中,DCORSSA-PSO 算法在平均值和最优值方面均劣于 DCOSSA 算法。以上分析表明,DCORSSA-PSO 算法虽然在大部分测试函数中均表现出较好的寻优性能,但仍需改进在某些测试函数中搜索能力不足的问题。

标准差可以用来衡量优化算法寻优性能的稳定性。在各算法独立运行 30 次的测试函数结果中可以看到,除测试函数 f_4 和 f_9 外,DCORSSA-PSO 算法的标准差均小于其他算法的标准差。而在测试函数 f_5 和 f_6 中,DCORSSA-PSO 算法和 DCORSSA 算法的测试函数标准差甚至可以达到最小值 0,即算法每次都可以搜索到同一个函数值,这表明改进的 DCORSSA-PSO 算法在处理单峰、多峰甚至病态函数时能够保证算法寻优性能的稳定性。此外,改进的 DCOSSA 和 DCORSSA 算法相比于 SSA 算法的标准差也有不同程度的降低。

就平均运行时间而言,SSA 算法的运行时间比 PSO 算法和 GWO 算法要短,这表明改进的 DCOSSA、DCORSSA 和 DCORSSA-PSO 算法在运行速度上具有先天的优势。此外,DCOSSA、DCORSSA 和 DCORSSA-PSO 算法的平均运行时间总体趋于一致,且三种算法的平均运行时间都长于 SSA 算法,这主要是逐维重心反向学习策略增加了算法的时间复杂度。

本节使用显著性水平为 0. 05 的 Wilcoxon 符号秩检验来比较改进的 DCORSSA-PSO 算法与 SSA 等算法在寻优性能方面的统计差异[142]。统计结果如表 2-27 所示,其中,"+"表示 DCORSSA-PSO 算法的寻优性能优于比较算法;"="表示 DCORSSA-PSO 算法的寻优性能与比较算法相似,没有统计上的显著差异;"-"表示 DCORSSA-PSO 算法的寻优性能劣于比较算法。

表 2-27 DCORSSA-PSO 与其他算法的 Wilcoxon 符号秩检验

算法比较	+/=/-	算法比较	+/=/-
DCORSSA-PSO VS SSA	9/1/0	DCORSSA-PSO VS PSO	10/0/0
DCORSSA-PSO VS DCOSSA	9/0/1	DCORSSA-PSO VS GWO	10/0/0
DCORSSA-PSO VS DCORSSA	7/2/1	—	—

根据表 2-27 所展示的 Wilcoxon 符号秩检验结果可以看出,DCORSSA-PSO 算法在 50 个(=5*10)案例中的 45 个(=9+9+7+10+10)案例中获胜,在 2 个案例中失败,其余表现出平局。总体而言,DCORSSA-PSO 算法在大多数测试函数中的寻

优性能均优于 SSA 等其他算法,这表明上述添加的寻优策略有助于提高樽海鞘群算法的寻优性能。

此外,使用统计学中的另一种 Friedman 检验来进一步比较每种优化算法在寻优性能方面的统计差异[143]。由表 2-28 所示,平均排名值(ARV)表示各算法在 10 个基准测试函数中独立运行 30 次 Friedman 检验的排名平均值。ARV 值越小,表明算法的寻优性能越高。

表 2-28　DCORSSA-PSO 与其他算法的 Friedman 检验

算法	SSA	DCOSSA	DCORSSA	DCORSSA-PSO	PSO	GWO
ARV	4.85	3.57	2.26	1.43	5.87	3.02
排名	5	4	2	1	6	3

由表 2-28 可以看出,添加三种学习策略的 DCORSSA-PSO 算法的平均排名值为 1.43,排名为第 1 位,这表明 DCORSSA-PSO 算法在寻优性能方面明显优于其他比较算法。此外,添加其他寻优策略的 DCORSSA 算法和 DCOSSA 算法排名分别为第 2 位和第 4 位,这表明上述寻优策略对提高 SSA 算法的寻优性能均有很大的帮助。

为了更加直观地展示各算法的寻优性能,对各算法在测试函数 $f_1 \sim f_{10}$ 中的寻优结果取 10 的对数,即各算法的寻优结果在纵坐标中以 $\lg f(x)$ 的形式展示出来,其平均收敛曲线如图 2-21 所示。

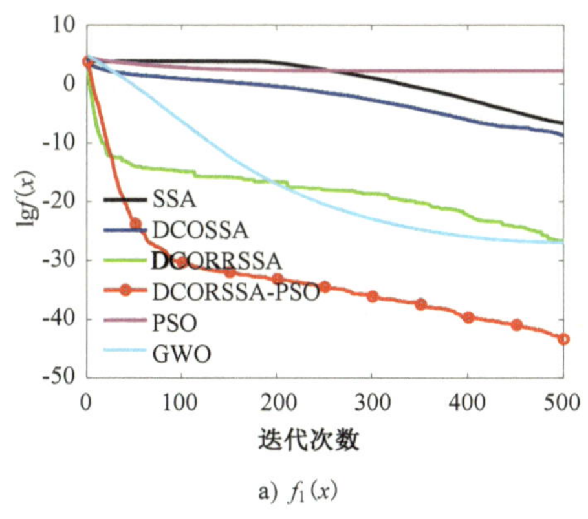

a) $f_1(x)$

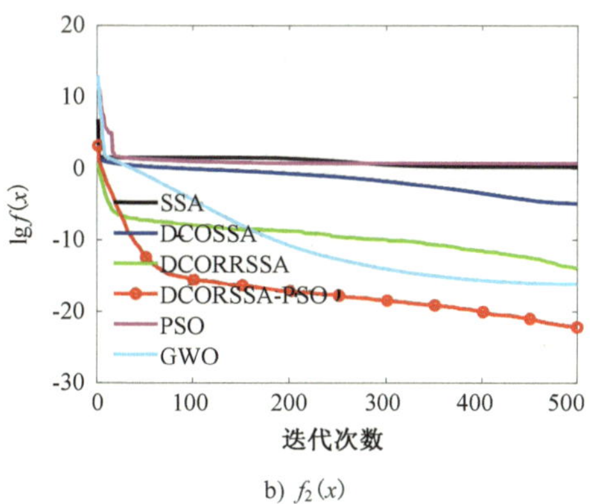

b) $f_2(x)$

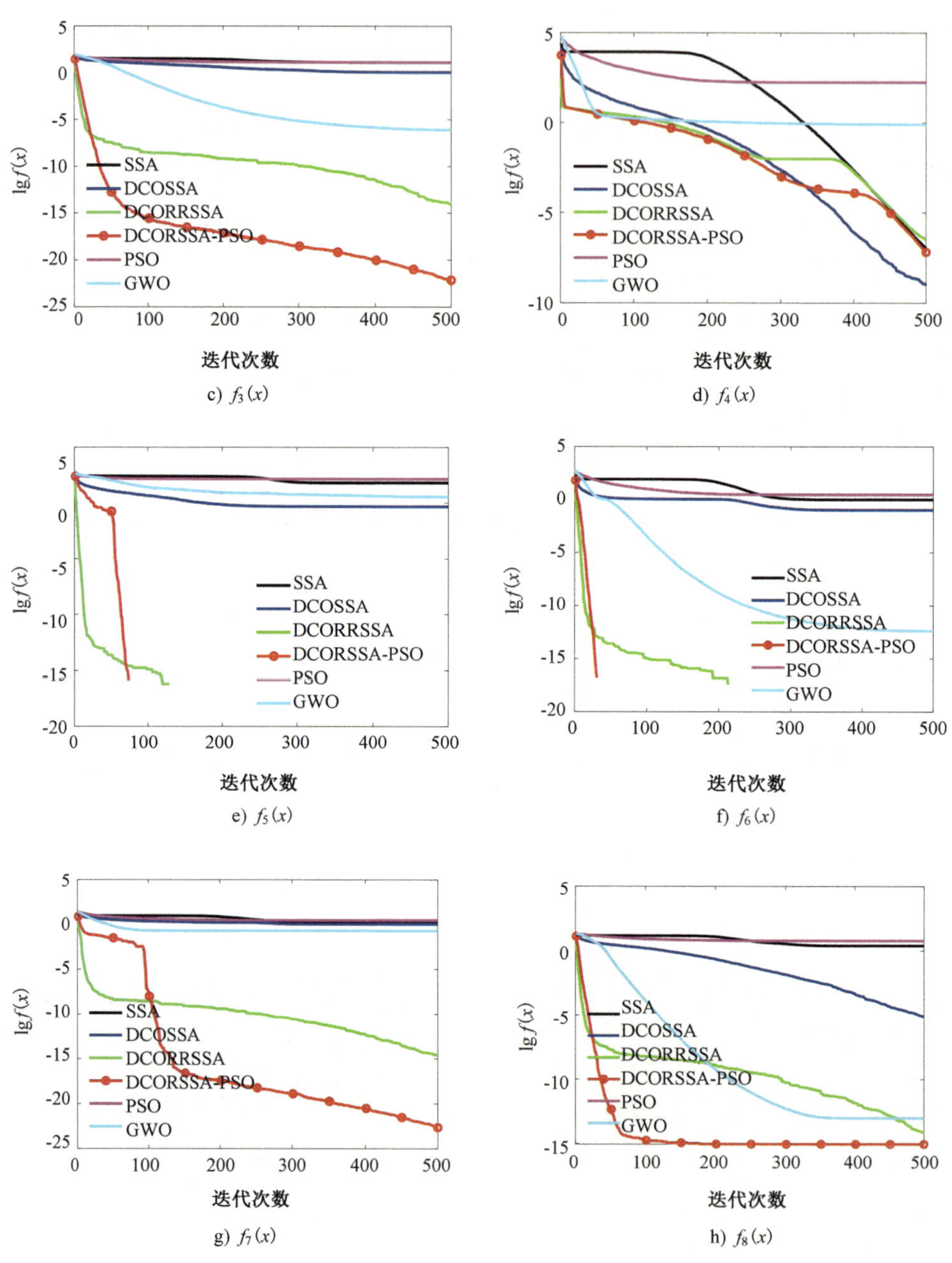
lg f(x)
SSA
DCOSSA
DCORRSSA
DCORSSA-PSO
PSO
GWO
迭代次数
c) $f_3(x)$
lg f(x)
SSA
DCOSSA
DCORRSSA
DCORSSA-PSO
PSO
GWO
迭代次数
d) $f_4(x)$
lg f(x)
SSA
DCOSSA
DCORRSSA
DCORSSA-PSO
PSO
GWO
迭代次数
e) $f_5(x)$
lg f(x)
SSA
DCOSSA
DCORRSSA
DCORSSA-PSO
PSO
GWO
迭代次数
f) $f_6(x)$
lg f(x)
SSA
DCOSSA
DCORRSSA
DCORSSA-PSO
PSO
GWO
迭代次数
g) $f_7(x)$
lg f(x)
SSA
DCOSSA
DCORRSSA
DCORSSA-PSO
PSO
GWO
迭代次数
h) $f_8(x)$

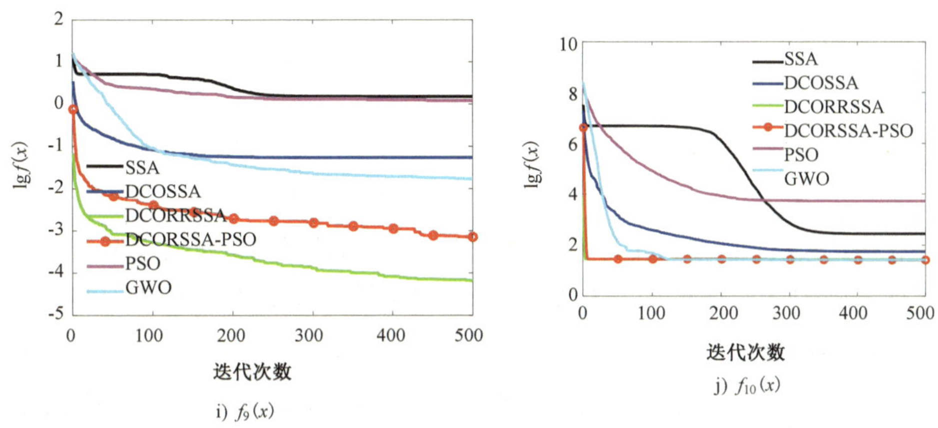

图 2-21　各测试函数的平均收敛曲线

从图 2-21 各测试函数的平均收敛曲线中可以看出，添加了逐维重心反向学习策略的 DCOSSA 算法相较于 SSA 算法在寻优精度方面有所提高，这表明逐维重心反向学习策略有利于算法跳出局部最优解。此外，相比于 DCOSSA 及其他三种算法在各基准测试函数迭代的前期和中期，DCORSSA-PSO 算法几乎可以快速搜索到最优值附近，并在迭代后期继续表现出较强的搜索能力，甚至在多峰测试函数 f_5 和 f_6 中，由于 DCORSSA-PSO 算法可以搜索到函数理论最优值 0（lg 的自变量不能为 0）而造成收敛曲线出现中断的现象。

综上所述，DCORSSA-PSO 算法在求解单峰、多峰和病态测试函数方面相比于 SSA、PSO 等算法具有较好的寻优精度与寻优稳定性。

2.8　改进蜘蛛蜂优化算法

2.8.1　蜘蛛蜂优化算法的原理及其步骤

蜘蛛蜂优化算法（Spider Wasp Optimizer, SWO）由 Mohamed Abdel-Basset 等人于 2023 年提出[144]。该算法模拟雌性蜘蛛蜂的狩猎、筑巢和交配行为，具有多种独特的更新策略，可适用于各种具有不同探索开发需求的优化问题。

算法的初始化

$$\overrightarrow{SW_i^t} = \boldsymbol{L} + rand \times (\boldsymbol{H} - \boldsymbol{L}) \tag{2-87}$$

初始化矩阵

$$SW_{pop} = \begin{pmatrix} SW_{1,1} & \cdots & SW_{1,D} \\ \vdots & \ddots & \vdots \\ SW_{N,1} & \cdots & SW_{N,D} \end{pmatrix} \tag{2-88}$$

其中，t 为迭代次数的索引；i 为个体的索引；SW_{pop} 为种群的初始化矩阵；N 为种群个体的总数；D 为问题的维度；$\boldsymbol{L}$ 为问题参数的下界；$\boldsymbol{H}$ 为问题参数的上界。

2.8.1.1　捕猎行为

捕猎行为分为无目标搜索和有目标搜索，无目标搜索即蜘蛛蜂未发现猎物的搜索行为，有目标的搜索即蜘蛛蜂发现猎物而发生的跟随、追赶行为。

无目标搜索这一阶段模拟了雌蜂寻找最适合的蜘蛛来喂养幼虫的行为。雌性蜘蛛蜂会以一个恒定的步伐随机搜索空间；同时该搜索也模拟已经被困住的猎物发生掉落而失去踪迹的现象，此时蜘蛛蜂会进行短距离搜索。

雌蜂寻找适合的蜘蛛喂养幼虫，即随机搜索方式如下

$$\overrightarrow{SW_i^{t+1}} = \overrightarrow{SW_i^t} + \mu_1 \times (\overrightarrow{SW_a^t} - \overrightarrow{SW_b^t}) \tag{2-89}$$

其中，下脚标 a、b 表随机从种群选择的两个个体；μ_1 由下式决定

$$\mu_1 = | rn | \times r_1 \tag{2-90}$$

其中，r_1 是[0,1]之间的随机数；rn 是一个遵守正态分布的随机数。

猎物掉落后蜘蛛蜂进行局部搜索，即短距离搜索的移动方式如下：

$$\overrightarrow{SW_i^{t+1}} = \overrightarrow{SW_c^t} + \mu_2 \times \boldsymbol{L} + \boldsymbol{r}_2 \times (\boldsymbol{H} - \boldsymbol{L}) \tag{2-91}$$

$$\mu_2 = B \times \cos 2\pi l \tag{2-92}$$

$$B = \frac{1}{1 + e^l} \tag{2-93}$$

其中，c 是种群的一个随机序号，l 是-2 到 1 之间的一个随机数。

对于无目标搜索的策略选择如下

$$\overrightarrow{SW_i} = \begin{cases} \text{随机搜索} & r_3 < r_4 \\ \text{短距离搜索} & r_3 \geqslant r_4 \end{cases} \tag{2-94}$$

其中，r_3、r_4 均是分布在[0,1]区间的随机数。

有目标搜索该阶段主要模拟蜘蛛蜂攻击已经被困住的蜘蛛。但已经被困住的蜘蛛可能挣脱开，此时，如果该蜘蛛的移动速度比较缓慢，蜘蛛蜂会进行跟随，将其

麻痹，并拖回洞穴。如果该蜘蛛的移动速度比较快，蜘蛛蜂会进行追赶。

跟随行为如下：

$$\overrightarrow{SW}_i^{t+1} = \overrightarrow{SW}_i^t + C \times |2 \times \boldsymbol{r}_5 \times \overrightarrow{SW}_a^t - \overrightarrow{SW}_i^t| \tag{2-95}$$

$$C = \left(2 - 2 \times \frac{t}{t_{\max}}\right) \times r_6 \tag{2-96}$$

其中，下脚标 a 代表总体中一个随机个体；t 为当前迭代次数；$t_{\max}$ 为最大迭代次数；$\boldsymbol{r}_5$ 为[0, 1]中的一个随机向量；r_6 为[0, 1]的一个随机数。

蜘蛛逃跑后，蜘蛛蜂追赶行为策略为如下：

$$\overrightarrow{SW}_i^{t+1} = \overrightarrow{SW}_i^t \times \overrightarrow{vc} \tag{2-97}$$

$$k = 1 - \frac{t}{t_{\max}} \tag{2-98}$$

其中，$\overrightarrow{vc}$ 是$[-k, k]$之间的随机向量。

对于有目标搜索策略选择原则如下

$$\overrightarrow{SW}_i^{t+1} = \begin{cases} \text{跟随行为} & r_3 < r_4 \\ \text{追赶行为} & r_3 \geqslant r_4 \end{cases} \tag{2-99}$$

综上，对于蜘蛛蜂有目标和无目标搜索行为选择原则如下

$$\overrightarrow{SW}_i^{t+1} = \begin{cases} \text{无目标搜索} & p < k \\ \text{有目标搜索} & p \geqslant k \end{cases} \tag{2-100}$$

其中，p 为 0 到 1 之间的随机数。

2.8.1.2　筑巢行为

该行为主要模拟蜘蛛蜂的两种筑巢行为。首先，它们会选择认为最为合适的地方进行筑巢，即有目的筑巢，具体的表达式如下：

$$\overrightarrow{SW}_i^{t+1} = \overrightarrow{SW}^* + \cos 2\pi l \times (\overrightarrow{SW}_i^* - \overrightarrow{SW}_i^t) \tag{2-101}$$

其中，$\overrightarrow{SW^*}$ 为当前种群中的最佳个体。

如果随机选择一个地方进行筑巢，即随机筑巢，表达式如下：

$$\begin{aligned} \overrightarrow{SW}_i^{t+1} = {} & \overrightarrow{SW}_a^t + r_3 \times |\gamma| \times (\overrightarrow{SW}_a^t - \overrightarrow{SW}_i^t) + \\ & (1 - r_3) \times \boldsymbol{U} \times (\overrightarrow{SW}_b^t - \overrightarrow{SW}_c^t) \end{aligned} \tag{2-102}$$

其中，r_3 是 0 到 1 之间的随机数；γ 是根据莱维飞行产生的一个数；下脚标 a、b 和 c

代表总体中随机个体的序号；$\boldsymbol{U}$ 是一个向量，来保证同一个位置不会出现多个巢穴，其满足以下表达式：

$$\boldsymbol{U}=\begin{cases}1 & \boldsymbol{r}_4>\boldsymbol{r}_5\\0 & \boldsymbol{r}_4\leqslant\boldsymbol{r}_5\end{cases} \tag{2-103}$$

其中，$\boldsymbol{r}_4$、$\boldsymbol{r}_5$ 均是[0,1]之间的随机向量。

对于选择最合适的地方和随机筑巢两种筑巢行为策略选择原则如下：

$$\overrightarrow{SW}_i^{t+1}=\begin{cases}\text{有目的筑巢} & r_3<r_4\\\text{随机筑巢} & r_3\geqslant r_4\end{cases} \tag{2-104}$$

对于种群每个个体对于上述捕猎和筑巢两种行为的选择原则如下：

$$\overrightarrow{SW}_i^{t+1}=\begin{cases}\text{捕猎行为} & i<N\times k\\\text{筑巢行为} & i\geqslant N\times k\end{cases} \tag{2-105}$$

综上，对于蜘蛛蜂的捕猎和筑巢的流程图如图 2-22 所示。

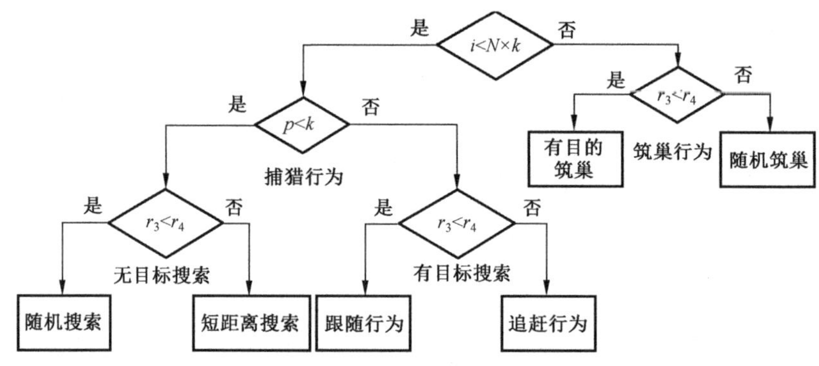

图 2-22 捕猎或筑巢行为

2.8.1.3 交配行为

对于蜘蛛蜂的交配行为也被考虑到该优化算法中。每个新生成的卵均是潜在的解。对蜘蛛蜂的性别进行研究发现，雌蜂的卵个体偏大，雄性的相反。通过如下的表达式对交配行为进行模拟：

$$SW_i^{t+1}=Crossover(\overrightarrow{SW}_i^t,\overrightarrow{SW}_m^t,CR) \tag{2-106}$$

其中，*Crossover* 为交叉遗传算子，代表着解在 $\overrightarrow{SW}_i^t$ 和 $\overrightarrow{SW}_m^t$ 之间的交叉算子；CR 为交叉概率，取定值 0.2；$\overrightarrow{SW}_i^t$ 和 $\overrightarrow{SW}_m^t$ 代表着雄蜂和雌蜂两个向量，具体计算方法如下：

$$\overrightarrow{SW}_m^{t+1}=\overrightarrow{SW}_i^t+\mathrm{e}^l\times|\beta|\times\boldsymbol{v}_1+(1-\mathrm{e}^l)\times|\beta_1|\times\boldsymbol{v}_2 \tag{2-107}$$

其中,β 和 β_1 是两个遵守正态分布的随机数;e 是指数常数; $\boldsymbol{v}_1$ 和 $\boldsymbol{v}_2$ 的计算方法如下:

$$\boldsymbol{v}_1=\begin{cases}\boldsymbol{x}_a-\boldsymbol{x}_i & f(\boldsymbol{x}_a)<f(\boldsymbol{x}_i)\\ \boldsymbol{x}_i-\boldsymbol{x}_a & f(\boldsymbol{x}_a)\geqslant f(\boldsymbol{x}_i)\end{cases} \tag{2-108}$$

$$\boldsymbol{v}_2=\begin{cases}\boldsymbol{x}_b-\boldsymbol{x}_c & f(\boldsymbol{x}_b)<f(\boldsymbol{x}_c)\\ \boldsymbol{x}_c-\boldsymbol{x}_b & f(\boldsymbol{x}_b)\geqslant f(\boldsymbol{x}_c)\end{cases} \tag{2-109}$$

其中,a、b 和 c 是中三个随机的个体,且均不与 i 相同。

2.8.1.4　种群数目减少

蜘蛛蜂在自己的巢穴产卵后,为了卵的安全会进行掩盖。此时,该卵在优化过程中整体作用已经接近完成。因此,总群的个体数目应该有一程度上的减少。此时,整个种群的数目满足以下表达式

$$N=N_{\min}+(N-N_{\min})\times k \tag{2-110}$$

其中,$N_{\min}$ 表示为避免在优化过程的不同阶段陷入局部最小值而所采用的最小种群数量。

蜘蛛蜂优化算法的具体步骤:

输入:N、$N_{\min}$、CR、TR(为捕猎和交配行为的经验参数,取定值 0.3)、$t_{\max}$、$\boldsymbol{H}$、$\boldsymbol{L}$;

输出:$\overrightarrow{SW}^*$ 。

初始化:利用式(2-87)进行初始化;将初始化后的结果,代入目标函数计算对应的适应度值,然后利用 $SORT$ 函数找出当前最佳个体 $\overrightarrow{SW}^*$;

```
For t=1:t_max
生成一个范围在 0 到 1 之间的随机数 r_6;
If r_6<TR
    For  n=1:N
    图 2-22 并且计算适应度值;
    End
Else
    For  n=1:N
        按式(2-106)交配;
    End
```

按式(2-110)减小种群数量,并且保存信息;

End

End

综上所述,蜘蛛蜂优化算法的具体流程如图 2-23 所示。

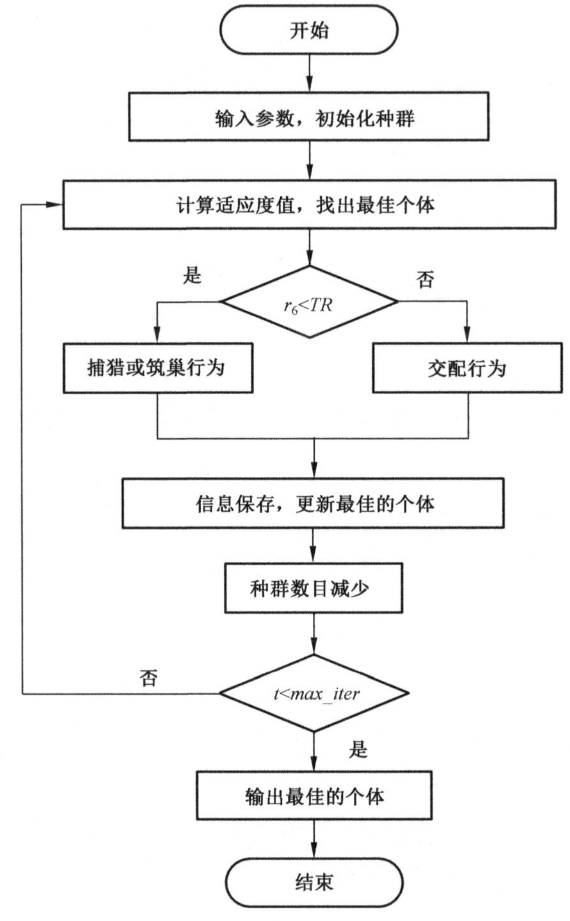

图 2-23　蜘蛛蜂优化算法总体流程

2.8.2　蜘蛛蜂算法的改进

针对蜘蛛蜂优化算法收敛速度慢、容易陷入局部最优的缺点,本节提出一种改进蜘蛛蜂优化算法(Improved Spider Wasp Optimizer, ISWO),加入五种更新策略以提高算法整体的优化性能,利用 Q 学习根据不同的优化问题对五种策略进行选择。

2.8.2.1　Q 学习

本书第一章 1.3.3 节介绍的 Q 学习,能够与当前的环境和现状进行联合。通过与环境中形成的反馈从而进行相应的补偿,进一步形成 Q 表。使得算法能够实现“随机应变”,从而使算法在优化过程中更具针对性,提高算法的运算效率。Q 学习迭代公式如式(1-4)所示。

2.8.2.2　快速收敛

为了进一步加强优化算法的收敛速度,提出一种快速收敛机制,其更新公式如下:

$$x_i(t+1) = x_i(t) + a \times (b \times x_{best}(t) - x_i(t)) \tag{2-111}$$

其中,a 是分布在[0,1]的随机数;b 是分布在[-1,1]的随机数;$x_{best}(t)$ 是在第 t 次迭代中个体的最佳个体。

2.8.2.3　随机进化

为了提高种群之间的信息交换能力,提高信息的利用效率,使得算法跳出局部最优的能力增强,随机进化的更新公式如下:

$$x_{(i,j)}(t+1) = x_{(r_1,j)}(t) + F \times (x_{(r_2,j)}(t) - x_{(r_3,j)}(t)) \tag{2-112}$$

其中,r_1、r_2 和 r_3 是种群中 3 个随机索引,对于 F 的定义表达式如下:

$$F = 1.5 \times (2 \times s - 1) \times \mathrm{e}^{-1.15 \times \frac{t}{T}} \tag{2-113}$$

其中,s 是一个[0,1]的随机数;t 为当前迭代次数;T 为最大迭代次数。

2.8.2.4　随机步长游走

对最优个体加入随机步长,帮助最优个体跳出局部最优,以提高算法跳出局部最优的能力,具体更新公式如下:

$$x_i(t+1) = x_{best} + \alpha \times (ub - lb) + \sin(2 \times \pi \times \beta) + \cos(2 \times \pi \times \beta) \tag{2-114}$$

其中,α 是-1 到 1 之间任意的一个随机数;β 是 0 到 1 之间的任意随机数;ub 和 lb 是变量的上界和下界。

2.8.2.5　群体学习

粒子群优化算法中通过个体学习和社会学习两种学习机制使得算法具有较好的鲁棒性和较好的全局搜索能力,借鉴此思想建立如下的更新公式:

$$x_{(i,j)}(t+1)=x_{(i,j)}(t)+F\times(x_{(pd,j)}(t)-x_{(i,j)}(t))+F\times(x_{(best,j)}(t)-x_{(i,j)}(t)) \tag{2-115}$$

其中,$x_{(best,j)}(t)$是第 t 代中的最佳个体的第 j 维;$x_{(pd,j)}(t)$是第 t 代当前个体历史最优位置的第 j 维。

2.8.2.6 随机重心反向学习

针对算法所探索生成的相反解的方案不足的特点,本书提出随机重心反向学习机制。更新公式如下:

$$M_j=\frac{x_{(1,j)}+\cdots+x_{(n,j)}}{n} \tag{2-116}$$

$$\tilde{x}_{(i,j)}=2\times rand\times M_j-x_{(i,j)} \tag{2-117}$$

改进的算法每次会根据 Q 表执行该状态下最佳的策略。

2.8.2.7 改进蜘蛛蜂算法的流程

改进蜘蛛蜂算法的流程如图 2-24 所示。

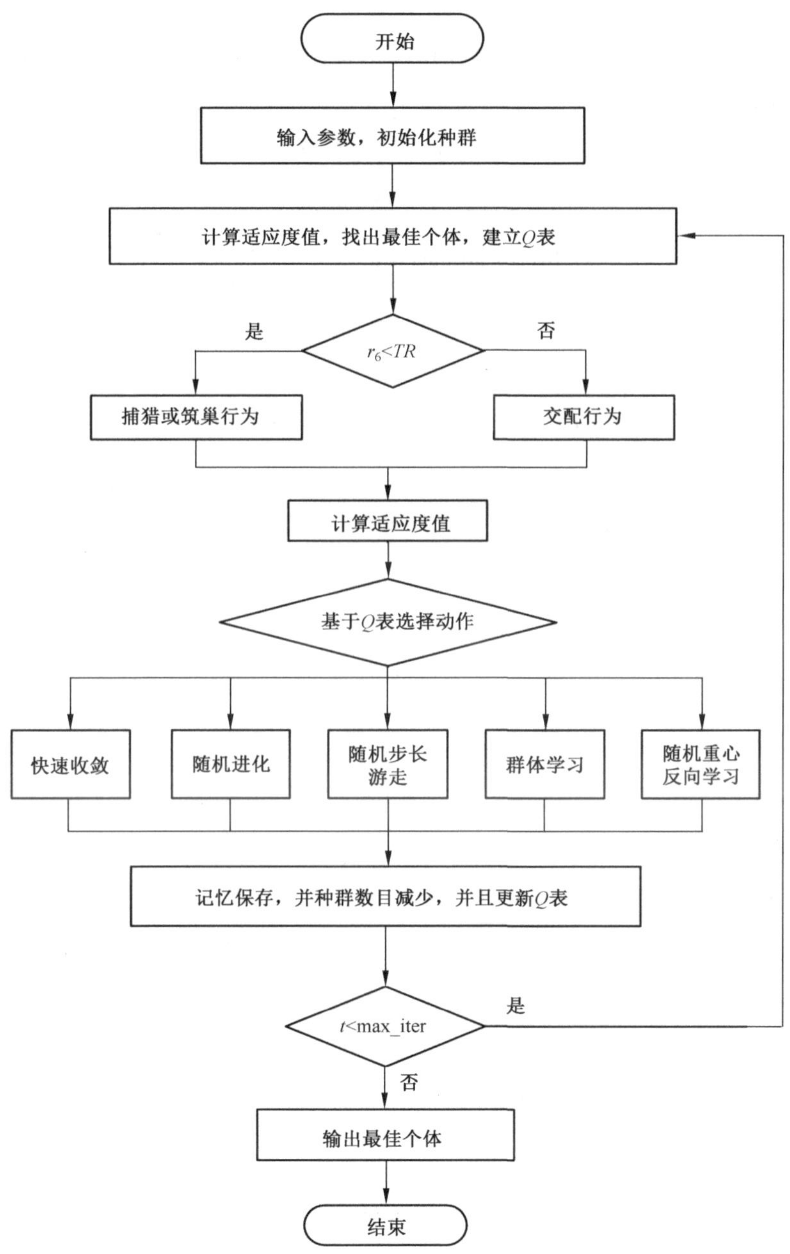

图 2-24　改进蜘蛛蜂优化算法的流程

2.8.3　改进蜘蛛蜂优化算法的验证

本节选用如表 2-29 所示的 23 个标准测试函数对改进蜘蛛蜂算法的性能进行

验证。其中，$f_1 \sim f_7$ 是可以测试优化精度的单模态测试函数(Unimodal Test Functions, UTF)，$f_8 \sim f_{13}$ 是可以测试全局优化能力和收敛速度的多模态测试函数(Multimodal Test Functions, MTF)，$f_{14} \sim f_{23}$ 是固定维多模态测试函数(Fixed Dimension Multimodal Test benchmark Functions, FDMTF)，可以测试在低维探索搜索空间的能力。

表 2-29　测试函数

Benchmark function	范围
$f_1(x) = \sum_{i=1}^{n} x_i^2$	[−100,100]
$f_2(x) = \sum_{i=0}^{n} \mid x_i \mid + \prod_{i=0}^{n} \mid x_i \mid$	[−10,10]
$f_3(x) = \sum_{i=1}^{d} (\sum_{j=1}^{i} x_j)^2$	[−100,100]
$f_4(x) = \max_i \{\mid x_i \mid, 1 \leqslant i \leqslant n\}$	[−100,100]
$f_5(x) = \sum_{i=1}^{n-1} [100 \times (x_{i+1} - x_i^2)^2 + (x_i - 1)^2]$	[−30,30]
$f_6(x) = \sum_{i=1}^{n} ([x_i - 0.5])^2$	[−100,100]
$f_7(x) = \sum_{i=1}^{n} i \times x_i^4 + random[0,1)$	[−1.28,1.28]
$f_8(x) = \sum_{i=1}^{n} (-x_i \sin\sqrt{\mid x_i \mid})$	[−500,500]
$f_9(x) = \sum_{i=1}^{n} (x_i^2 - 10\cos 2\pi x_i + 10)$	[−5.12,5.12]
$f_{10}(x) = -20\exp(-0.2\sqrt{\frac{1}{n}\sum_{i=1}^{n} x_i^2}) - \exp(\frac{1}{n}\sum_{i=1}^{n}\cos 2\pi x_i) + 20 + e$	[−32,32]
$f_{11}(x) = 1 + \frac{1}{4\,000}\sum_{i=1}^{n} x_i^2 - \prod_{i=1}^{n}\cos\frac{x_i}{\sqrt{i}}$	[−600,600]

续表 2-29

Benchmark function	范围
$f_{12}(x) = \frac{\pi}{n}(10\sin \pi y_1) + \sum_{i=1}^{n}(y_i - 1)^2[1 + 10\sin^2 \pi y_{i+1} + \sum_{i=1}^{n} u(x_i,10,100,4)]$, where $y_i = 1 + \frac{x_i + 1}{4}$, $u(x_i,a,k,m) = \begin{cases} k(x_i - a)^m & x_i > a \\ 0 & -a \leqslant x_i \leqslant a \\ k(-x_i - a)^m & x_i < -a \end{cases}$	[−50,50]
$f_{13}(x) = 0.1\{\sin^2 3\pi x_1 + \sum_{i=1}^{n}(x_i - 1)^2[1 + \sin^2(3\pi x_i + 1)] + (x_n - 1)^2(1 + \sin^2 2\pi x_n) + \sum_{i=1-1}^{n} u(x_i,5,100,4)\}$	[−50,50]
$f_{14}(x) = \left(\frac{1}{500} + \sum_{j=1}^{25}\frac{1}{j + \sum_{i=1}^{2}(x_i - a_{ij})}\right)$	[−65,65]
$f_{15}(x) = \sum_{i=1}^{11}\left[a_i - \frac{x_1(b_i^2 + b_i x_2)}{b_i^2 + b_i x_3 + x_4}\right]^2$	[−5,5]
$f_{16}(x) = 4x_1^2 - 2.1x_1^4 + \frac{1}{3}x_1^6 + x_1 x_2 - 4x_2^2 + x_2^4$	[−5,5]
$f_{17}(x) = \left(x_2 - \frac{5.1}{4\pi^2}x_1^2 + \frac{5}{\pi}x_1 - 6\right)^2 + 10\left(1 - \frac{1}{8\pi}\right)\cos x_1 + 10$	$x_1 \in [-5,10]$ $x_2 \in [0,15]$
$f_{18}(x) = [1 + (x_1 + x_2 + 1)^2(19 - 14x_1 + 3x_1^2 - 14x_2 + 6x_1x_2 + 3x_2^2)] \times [30 + (2x_1 - 3x_2)^2 \times (18 - 32x_2 + 12x_1^2 + 48x_2 - 36x_1x_2 + 27x_2^2)]$	[−5,5]
$f_{19}(x) = -\sum_{i=1}^{4} c_i \exp\left(-\sum_{j=1}^{3} a_{ij}(x_j - p_{ij})^2\right)$	[0,1]
$f_{20}(x) = -\sum_{i=1}^{4} c_i \exp\left(-\sum_{j=1}^{6} a_{ij}(x_j - p_{ij})^2\right)$	[0,1]
$f_{21}(x) = -\sum_{i=1}^{5}[(X - a_i)(X - a_i)^{\mathrm{T}} + c_i]^{-1}$	[0,10]
$f_{22}(x) = -\sum_{i=1}^{7}[(X - a_i)(X - a_i)^{\mathrm{T}} + c_i]^{-1}$	[0,10]
$f_{23}(x) = -\sum_{i=1}^{10}[(X - a_i)(X - a_i)^{\mathrm{T}} + c_i]^{-1}$	[0,10]

为进一步验证改进蜘蛛蜂优化算法的优化性能，将 ISWO 与麻雀优化算法(SSA)[145]、原始的蜘蛛蜂优化算法(SWO)、天鹰优化算法(AO)[146]、算术优化算法(AOA)[147]、灰狼优化算法(GWO)这几种传统的优化算法进行比较，其中各个算法的参数设置如表 2-30 所示。

表 2-30　算法的相关参数的设置

算法	参数
SSA	$Max\_inter=200$; $N=30$
SWO	$TR=0.3$; $Cr=0.2$; $N\_min=20$; $Max\_inter=200$; $N=30$
AO	$\alpha=0.1$; $\beta=0.1$; $Max\_inter=200$; $N=30$
AOA	$Mop\_Max=1$; $Mop\_Min=0.2$; $C\_ter=1$; $\alpha=5$; $u=0.5$; $Max\_inter=200$; $N=30$
GWO	$Max\_inter=200$; $N=30$
IGWO	$TR=0.3$; $CR=0.2$; $N\_min=20$; $Max\_inter=200$; $N=30$; $action=5$; $state=5$

2.8.3.1　改进蜘蛛蜂优化算法的仿真验证

改进蜘蛛蜂优化算法对单模态、多模态以及固定多维测试函数的结果如表 2-31～表 2-33 所示。

表 2-31　单模态函数测试结果

函数	项目	ISWO	SWO	GWO	SSA	AO	AOA
f_1	最优值	**1.012 2E-253**	4.141 1E-71	2.334 2E-29	3.857 7E-08	4.873 6E-157	1.986 6E-114
	平均值	**6.973 8E-229**	8.767 9E-48	2.595 5E-27	9.378 2E-08	6.605 0E-135	1.312 1E-23
	标准差	**0**	2.772 7E-47	3.769 6E-27	4.564 5E-08	2.088 7E-134	4.149 1E-23
	时间/s	0.137 9	0.028 0	0.049 1	0.025 0	0.055 0	0.040 2
f_2	最优值	**2.578 0E-130**	4.688 3E-38	1.770 4E-17	0.413 8	1.281 9E-79	0
	平均值	**9.029 2E-119**	4.226 7E-24	1.003 1E-16	2.297 0	1.865 6E-72	0
	标准差	**2.684 3E-118**	1.336 6E-23	7.044 5E-17	1.270 4	5.584 8E-72	0
	时间/s	0.146 6	**0.021 3**	0.041 8	0.023 8	0.060 6	0.041 6
f_3	最优值	**2.981 2E-201**	1.214 5E-64	1.184 5E-08	381.220 8	1.172 4E-151	1.971 2E-93
	平均值	**1.028 7E-170**	9.477 3E-38	6.027 2E-05	1.092 4E+03	1.747 5E-99	0.002 8
	标准差	**0**	2.429 7E-37	1.849 2E-04	550.519 5	4.561 8E-99	0.005 2
	时间/s	0.693 8	**0.138 1**	0.185 6	0.149 3	0.347 2	0.201 4

续表 2-31

函数	项目	ISWO	SWO	GWO	SSA	AO	AOA
f_4	最优值	**1.902 0E-121**	1.606 0E-38	2.367 6E-07	7.909 6	7.366 0E-80	4.124 4E-65
	平均值	**2.893 1E-111**	9.869 1E-25	6.396 7E-07	10.642 5	8.051 6E-69	0.016 3
	标准差	**9.148 3E-111**	2.137 5E-24	4.376 7E-07	2.534 5	2.224 3E-68	0.021 4
	时间/s	0.366 2	**0.057 4**	0.088 5	0.072 0	0.137 8	0.077 7
f_5	最优值	**0.007 4**	25.538 7	26.146 2	23.579 8	1.027 6E-04	28.213 8
	平均值	17.808 6	26.055 0	27.089 7	772.470 4	**0.003 6**	28.554 2
	标准差	12.287 4	0.332 6	0.587 9	1.411 0E+03	**0.002 9**	0.196 6
	时间/s	0.391 9	0.076 2	0.116 2	**0.050 0**	0.180 2	0.086 0
f_6	最优值	7.127 0E-07	0.001 1	0.490 4	**2.065 7E-08**	4.703 3E-07	2.540 8
	平均值	7.641 3E-06	0.003 6	0.870 0	**5.101 3E-07**	1.546 5E-04	3.037 9
	标准差	1.224 4E-05	0.002 5	0.433 6	**8.787 2E-07**	3.664 3E-04	0.301 8
	时间/s	0.131 3	**0.021 6**	0.044 2	0.022 9	0.056 3	0.037 9
f_7	最优值	1.268 4E-04	1.681 3E-04	5.774 2E-04	0.083 3	**6.078 2E-06**	6.436 3E-06
	平均值	9.579 9E-04	0.001 4	0.001 8	0.154 7	1.159 6E-04	**4.353 0E-05**
	标准差	6.354 8E-04	0.001 3	7.976 8E-04	0.039 8	1.566 5E-04	**4.637 7E-05**
	时间/s	0.615 2	**0.111 5**	0.138 7	0.119 8	0.303 8	0.145 7

表 2-32　多模态函数测试结果

函数	项目	ISWO	SWO	GWO	SSA	AO	AOA
f_8	最优值	−1.142 4E+04	−1.094 9E+04	−7.352 5E+03	−8.206 8E+03	−1.256 3E+04	**−6.245 9E+03**
	平均值	−1.063 2E+04	−1.018 7E+04	−6.121 5E+03	−7.385 3E+03	−9.359 7E+03	**−5.547 7E+03**
	标准差	528.396 3	526.523 8	1.089 1E+03	566.126 7	4.104 1E+03	**524.492 1**
	时间/s	0.181 8	**0.053 4**	0.095 4	0.081 3	0.210 4	0.104 5
f_9	最优值	**0**	**0**	5.684 3E-14	27.858 8	**0**	**0**
	平均值	**0**	**0**	3.628 6	52.732 7	**0**	**0**
	标准差	**0**	**0**	5.225 0	14.156 5	**0**	**0**
	时间/s	0.320 6	0.065 6	0.094 0	**0.058 3**	0.169 5	0.081 3

续表 2-32

函数	项目	ISWO	SWO	GWO	SSA	AO	AOA
f_{10}	最优值	**4.440 9E-16**	**4.440 9E-16**	7.860 4E-14	1.501 7	**4.440 9E-16**	**4.440 9E-16**
	平均值	**4.440 9E-16**	**4.440 9E-16**	1.006 3E-13	2.865 9	**4.440 9E-16**	**4.440 9E-16**
	标准差	**0**	**0**	1.368 8E-14	0.905 7	**0**	**0**
	时间/s	0.144 2	**0.023 4**	0.042 0	0.033 0	0.066 1	0.039 6
f_{11}	最优值	**0**	**0**	**0**	0.002 1	**0**	0.032 7
	平均值	**0**	**0**	0.003 6	0.013 3	**0**	0.222 7
	标准差	**0**	**0**	0.007 6	0.007 3	**0**	0.166 5
	时间/s	0.151 8	**0.025 0**	0.046 2	0.034 0	0.069 1	0.045 7
f_{12}	最优值	**1.814 1E-08**	1.741 9E-05	0.018 3	1.386 3	8.595 9E-08	0.459 4
	平均值	**3.185 7E-07**	6.162 2E-05	0.036 4	6.795 5	1.458 9E-05	0.503 5
	标准差	**2.456 6E-07**	3.263 7E-05	0.010 8	3.594 9	2.699 6E-05	0.031 9
	时间/s	0.858 7	**0.173 5**	0.294 0	0.210 8	0.549 7	0.274 4
f_{13}	最优值	1.969 8E-07	4.672 8E-04	0.262 1	0.002 5	**1.814 3E-07**	2.696 6
	平均值	**0.013 1**	0.010 7	0.599 5	21.359 8	2.877 8E-05	2.810 6
	标准差	0.030 1	**0.008 8**	0.225 5	11.967 2	4.306 5E-05	0.071 0
	时间/s	0.438 0	**0.096 3**	0.151 0	0.136 0	0.285 6	0.146 5

表 2-33　固定维多模态测试函数测试结果

函数	项目	ISWO	SWO	GWO	SSA	AO	AOA
f_{14}	最优值	**0.998 0**	**0.998 0**	**0.998 0**	**0.998 0**	**0.998 0**	12.670 5
	平均值	1.097 4	**0.998 0**	5.491 6	1.196 8	3.844 1	12.670 5
	标准差	0.314 3	**1.958 2E-16**	5.036 2	0.419 1	3.748 3	2.236 4E-11
	时间/s	1.424 5	**0.326 2**	0.509 7	0.363 2	0.936 6	0.490 4
f_{15}	最优值	**3.074 9E-04**	**3.074 9E-04**	3.075 0E-04	3.430 6E-04	3.198 1E-04	3.963 0E-04
	平均值	**3.074 9E-04**	3.075 1E-04	5.197 6E-04	6.056 3E-04	4.817 1E-04	0.003 3
	标准差	**2.534 4E-18**	4.069 6E-08	2.622 7E-04	2.985 3E-04	1.152 9E-04	0.009 1
	时间/s	0.351 4	0.046 4	**0.016 6**	0.019 8	0.134 6	0.036 9
f_{16}	最优值	**−1.031 6**	**−1.031 6**	**−1.031 6**	**−1.031 6**	**−1.031 6**	**−1.031 6**
	平均值	**−1.031 6**	**−1.031 6**	**−1.031 6**	**−1.031 6**	**−1.031 1**	**−1.031 6**
	标准差	**0**	2.093 5E-16	3.086 0E-08	2.139 2E-14	4.072 0E-04	1.377 9E-07
	时间/s	0.359 9	0.048 1	0.043 5	**0.022 8**	0.129 7	0.020 3

续表 2-33

函数	项目	ISWO	SWO	GWO	SSA	AO	AOA
f_{17}	最优值	**0.397 9**	**0.397 9**	**0.397 9**	**0.397 9**	**0.397 9**	0.398 2
	平均值	**0.397 9**	**0.397 9**	**0.397 9**	**0.397 9**	0.398 2	0.418 1
	标准差	**0**	**0**	2.650 6E-06	2.367 7E-14	4.502 4E-04	0.020 1
	时间/s	0.120 5	0.014 4	0.011 9	**0.011 0**	0.033 1	0.012 7
f_{18}	最优值	**3.000 0**	**3.000 0**	**3.000 0**	**3.000 0**	3.002 0	**3.000 0**
	平均值	**3.000 0**	**3.000 0**	**3.000 0**	**3.000 0**	3.020 6	**3.000 0**
	标准差	**1.184 2E-15**	1.739 0E-15	2.366 2E-05	1.323 6E-13	0.028 5	9.924 7E-09
	时间/s	0.117 8	0.012 9	**0.011 5**	0.011 6	0.032 9	0.012 4
f_{19}	最优值	**−3.862 8**	**−3.862 8**	**−3.862 8**	**−3.862 8**	−3.862 3	−3.853 7
	平均值	**−3.862 8**	**−3.862 8**	−3.860 7	**−3.862 8**	−3.858 5	−3.849 0
	标准差	9.362 2E-16	**7.401 5E-16**	0.003 3	2.559 3E-10	0.004 4	0.004 8
	时间/s	0.132 1	0.017 4	0.018 3	**0.016 9**	0.045 2	0.019 7
f_{20}	最优值	−3.322 0	−3.322 0	−3.322 0	−3.202 7	**−3.255 2**	−3.193 7
	平均值	**−3.262 5**	−3.322 0	−3.191 2	−3.192 2	−3.151 6	−3.134 5
	标准差	0.062 7	**1.364 8E-15**	0.056 6	0.011 7	0.052 2	0.032 3
	时间/s	0.135 8	**0.017 7**	0.020 9	0.018 2	0.048 7	0.025 8
f_{21}	最优值	**−10.153 2**	**−10.153 2**	**−10.152 2**	**−10.153 2**	−10.153 1	−5.939 0
	平均值	**−10.153 2**	**−10.153 2**	−8.393 9	−8.637 5	−10.136 8	−3.832 1
	标准差	**1.184 2E-15**	1.324 0E-15	2.905 3	2.440 6	0.029 2	1.137 3
	时间/s	0.139 8	0.019 6	0.020 9	**0.019 0**	0.048 6	0.022 0
f_{22}	最优值	**−10.402 9**	**−10.402 9**	−10.402 5	**−10.402 9**	−10.402 6	−6.592 7
	平均值	**−10.402 9**	**−10.402 9**	−10.400 9	−8.047 4	−10.389 0	−4.172 2
	标准差	**1.776 4E-15**	2.713 4E-15	0.001 4	3.115 8	0.019 8	1.416 6
	时间/s	0.144 6	**0.020 5**	0.023 4	0.020 9	0.053 4	0.024 5
f_{23}	最优值	**−10.536 4**	**−10.536 4**	−10.536 2	−10.536 4	−10.535 6	−5.345 2
	平均值	**−10.536 4**	**−10.536 4**	−10.535 1	−9.769 9	−10.517 9	−3.116 1
	标准差	**1.184 2E-15**	3.686 9E-13	7.454 8E-04	2.424 0	0.023 7	1.208 1
	时间/s	0.160 7	**0.024 2**	0.027 7	0.025 5	0.063 5	0.028 7

由表 2-31 单模态测试函数的结果进行分析可知，ISWO 在 f_1 ~ f_4 函数的精度都要高于其他算法，并且在 f_1 ~ f_7 的求解精度均要比原始的 SWO 算法高。

但是 ISWO 加入强化学习的思维，所以运行时间要比 SWO 长。对表 2-32 多模态测试函数的结果分析可知，ISWO 对 $f_9 \sim f_{12}$ 寻优的表现更为出色。对表 2-33 固定维多模态测试函数的结果分析，发现 ISWO 对于除 f_{20} 外所有的测试函数都有极佳的寻优能力。

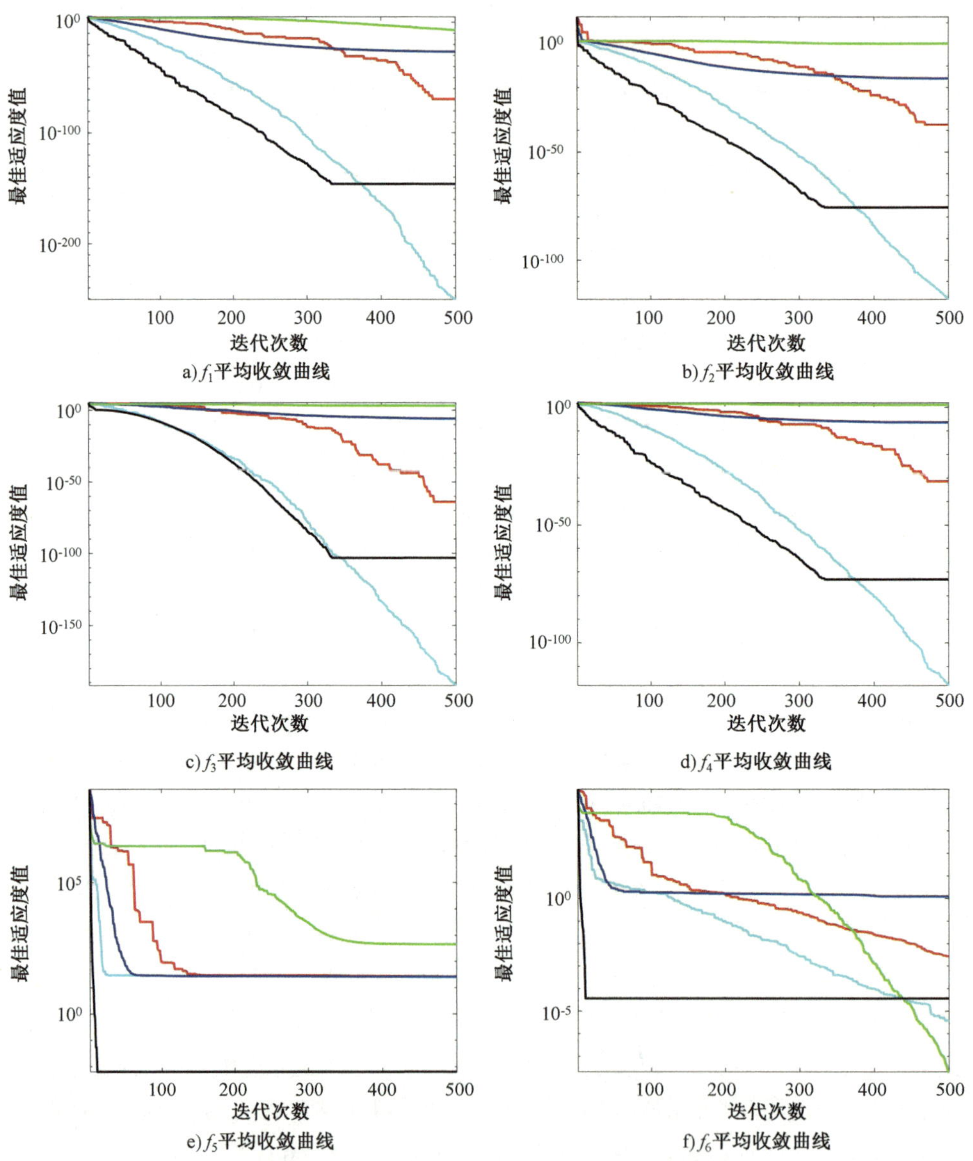

a) f_1平均收敛曲线

b) f_2平均收敛曲线

c) f_3平均收敛曲线

d) f_4平均收敛曲线

e) f_5平均收敛曲线

f) f_6平均收敛曲线

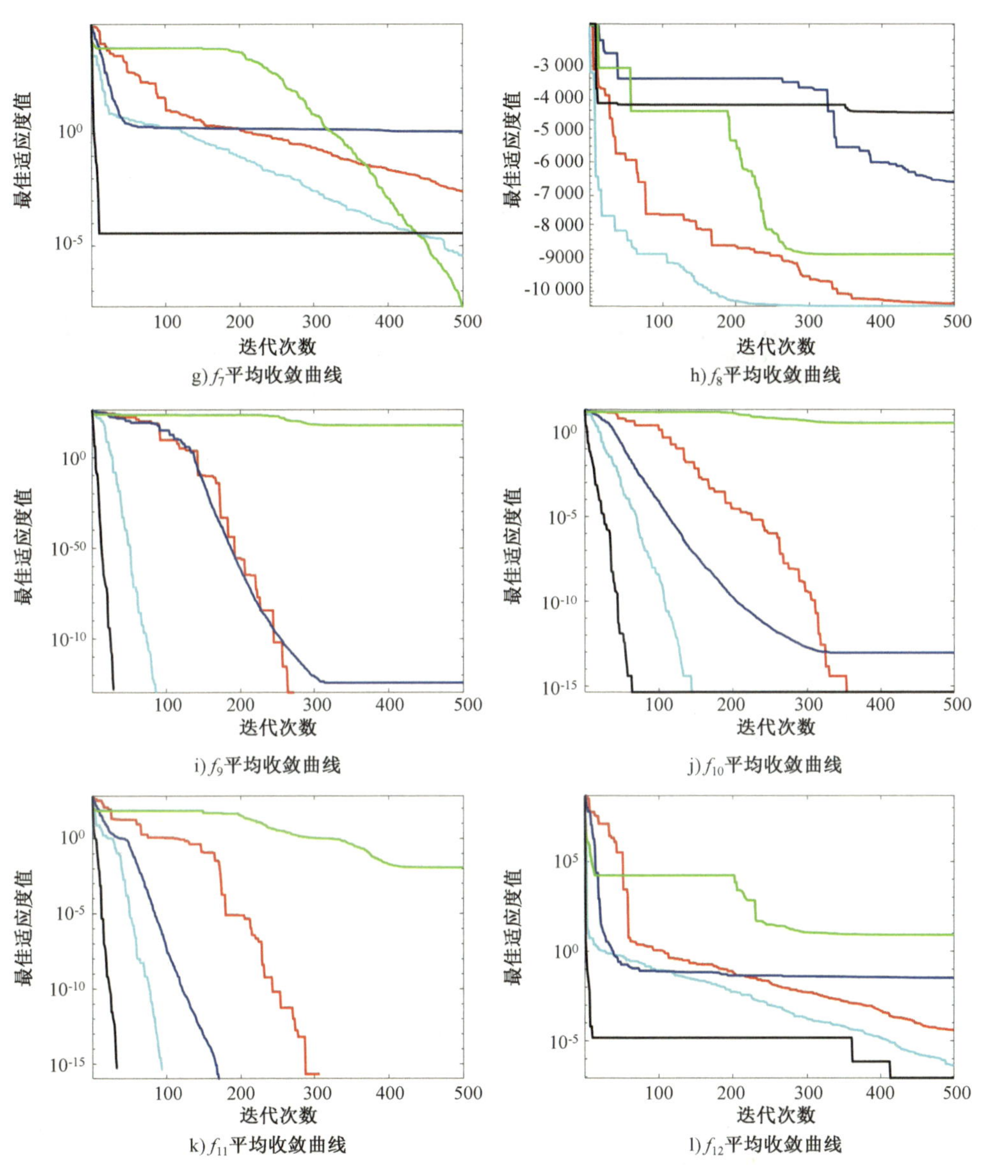

g) f_7平均收敛曲线

h) f_8平均收敛曲线

i) f_9平均收敛曲线

j) f_{10}平均收敛曲线

k) f_{11}平均收敛曲线

l) f_{12}平均收敛曲线

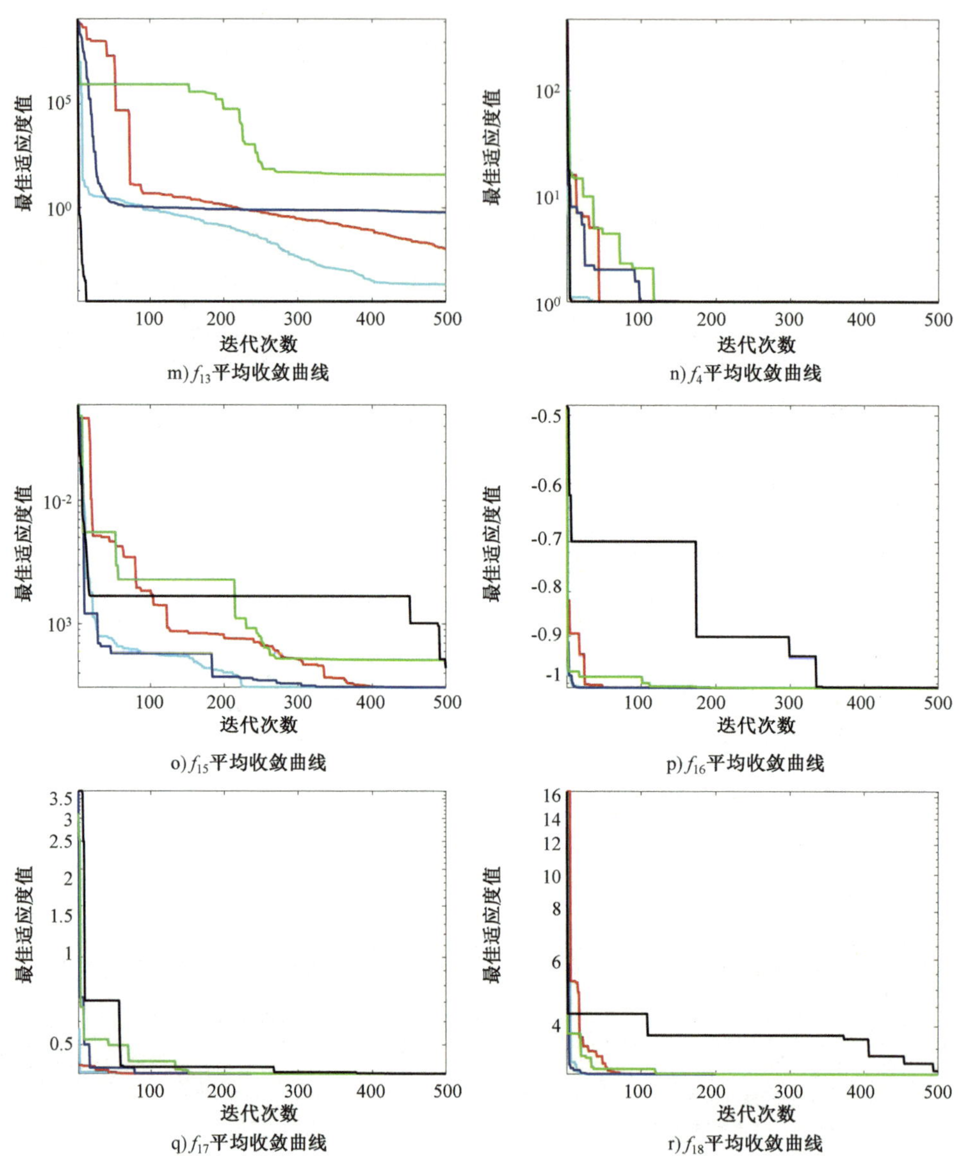

m) f_{13}平均收敛曲线

n) f_4平均收敛曲线

o) f_{15}平均收敛曲线

p) f_{16}平均收敛曲线

q) f_{17}平均收敛曲线

r) f_{18}平均收敛曲线

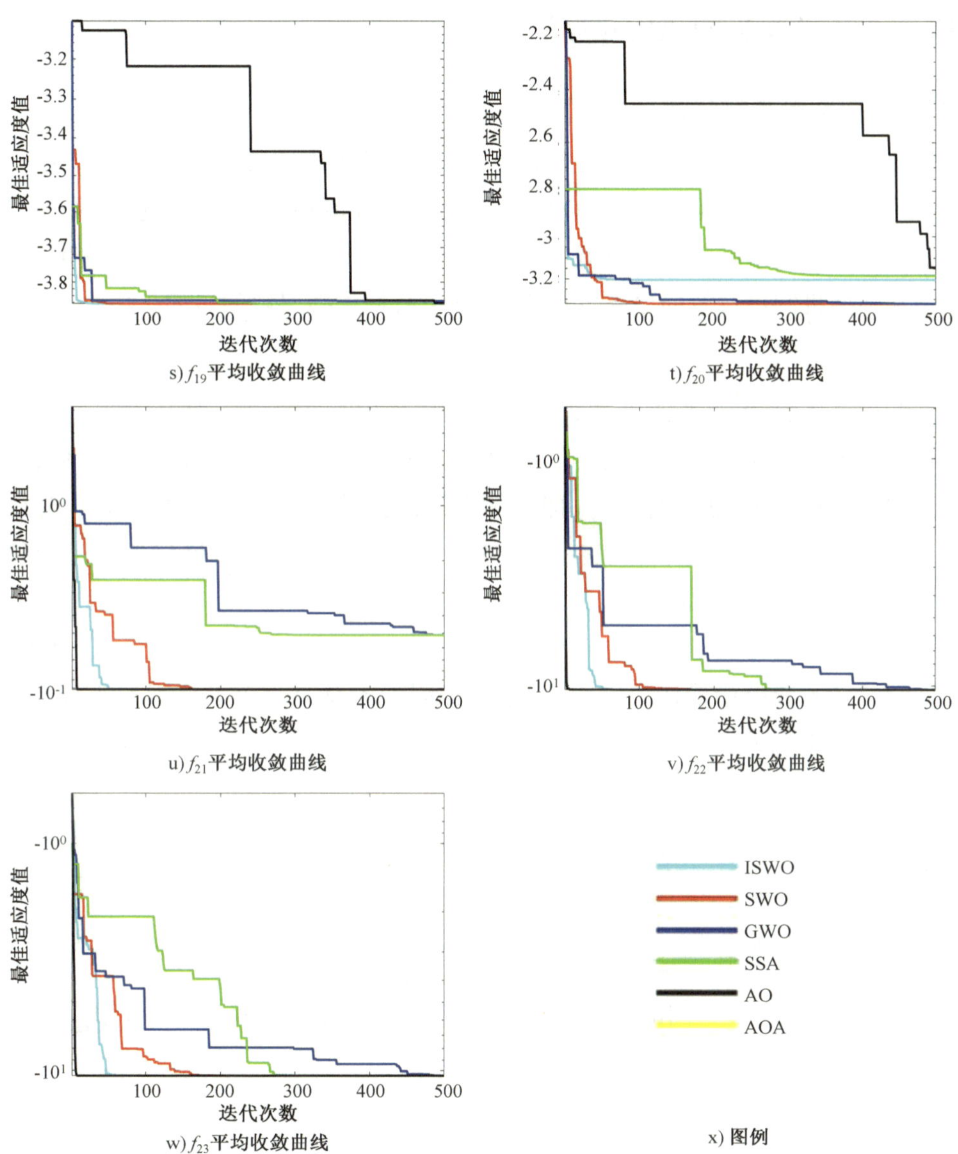

图 2-25　不同算法对于测试函数的迭代图

经过上述图 2-25 分析可知改进蜘蛛蜂优化算法相比于原始的算法在收敛速度上有着很大的提升，在算法的后期借助随机进化的策略有助于算法跳出局部最优，同时该改进的算法的收敛精度也得到很大的提升。

2.9 一种差分变异鲸鱼优化算法

2.9.1 原始的鲸鱼优化算法

鲸鱼优化算法[148](WOA)的灵感来源于对鲸鱼群体行为的观察和模拟。在原始的鲸鱼优化算法中模拟了座头鲸特有的搜索方法和围捕机制,主要包括:围捕猎物、气泡网捕食、搜索猎物三个重要阶段。利用鲸鱼个体的位置信息来代表解,借助搜索和围捕机制进行解的更新,以此达到在可行域中搜寻解的目的。

2.9.1.1 包围猎物

在鲸鱼群体中,鲸鱼必须首先识别猎物的位置信息才能进行捕猎。尽管鲸鱼群中的每个个体都无法独自辨别出猎物,但由于鲸鱼是一个社会性较高的群体,因此群体中会存在一个"领头鲸"——即最优个体,它能够准确识别猎物位置。鲸鱼群体会利用最优个体的信息来代替猎物的位置信息。群体向着最佳个体进行移动,包围猎物的具体公式如下:

$$\boldsymbol{x}(t+1)=\boldsymbol{x}^*(t)-\boldsymbol{A}\times\boldsymbol{D} \tag{2-118}$$

其中,$\boldsymbol{x}^*(t)$为鲸鱼群中最佳个体;$\boldsymbol{A}$ 是一个收敛因子;$\boldsymbol{D}$ 是一个干扰因素。对于 $\boldsymbol{A}$ 和 $\boldsymbol{D}$ 的具体计算公式如下:

$$\boldsymbol{A}=2\times\boldsymbol{a}\times\boldsymbol{r}_1-\boldsymbol{a} \tag{2-119}$$

$$\boldsymbol{D}=|\boldsymbol{C}\times\boldsymbol{x}^*(t)-\boldsymbol{x}(t)| \tag{2-120}$$

$$\boldsymbol{C}=2\times\boldsymbol{r}_2 \tag{2-121}$$

$$\boldsymbol{a}=2-2\times\frac{t}{T_{\max}} \tag{2-122}$$

其中,$\boldsymbol{r}_1$ 和 $\boldsymbol{r}_2$ 是[0, 1]之间的随机向量,对于收敛因子 $\boldsymbol{a}$ 的范围是 2 到 0,$T_{\max}$ 为最大迭代次数。

2.9.1.2 气泡网攻击策略

当鲸鱼群对猎物围捕成功后,群体将会发动螺旋气泡攻击。主要有两种方式:收缩环绕机制和螺旋更新位置。下面的方程可以实现螺旋更新位置:

$$\boldsymbol{x}(t+1)=\boldsymbol{x}^*(t)+\boldsymbol{D}_p\times e^{bl}\times\cos 2\pi l \tag{2-123}$$

其中,b 是一个常数,控制螺旋的形状,l 是一个位于[-1,1]之间的随机数,$\boldsymbol{D}_p$ 的具体计算公式如下:

$$\boldsymbol{D}_p=|\boldsymbol{x}^*(t)-\boldsymbol{x}(t)| \tag{2-124}$$

对于鲸鱼的收缩环绕的定义如式(2-118)所示。

鲸鱼群会随机地选择相应的策略,即汽泡网攻击策略选择的原则如下:

$$\boldsymbol{x}(t+1)=\begin{cases}\text{收缩环绕} & p<0.5\\ \text{螺旋更新} & p\geqslant 0.5\end{cases} \tag{2-125}$$

其中,p 是一个[0,1]之间的随机数。

2.9.1.3　全局搜索

假设一条随机的鲸鱼是当前种群中最优鲸鱼,其他的鲸鱼也会接近这头鲸鱼。鲸鱼通过随机游走来寻找猎物。因此,整个种群会得到更新,具体的移动方式如下:

$$\boldsymbol{x}(t+1)=\boldsymbol{x}_{rand}-\boldsymbol{A}\times\boldsymbol{D} \tag{2-126}$$

其中,$\boldsymbol{x}_{rand}$ 是一个随机个体时,当 $|\boldsymbol{A}|>1$ 整个鲸鱼群会进行全局的搜索,当 $|\boldsymbol{A}|<1$ 时,鲸鱼群会攻击它们的猎物。$\boldsymbol{D}$ 的计算公式如下:

$$\boldsymbol{D}=|\boldsymbol{C}\times\boldsymbol{x}_{rand}(t)-\boldsymbol{x}(t)| \tag{2-127}$$

2.9.1.4　鲸鱼优化算法的流程

鲸鱼优化算法的流程如图 2-26 所示。

2.9.2　改进的鲸鱼优化算法

原始的鲸鱼优化算法(WOA)在探索开发方面的平衡性较差,很容易收敛到局部最优。本书研究一种差分变异鲸鱼优化算法(Difference variation Whale Optimization Algorithm,DWOA)。通过加入新的收敛因子 A,使算法在前期利于全局搜索,后期利于局部开发,而差分变异提高算法跳出局部最优的能力。

2.9.2.1　改进的计算机制

在 WOA 算法寻优的过程中,收敛因子 A 的取值对于平衡全局寻优和局部寻优有着很大的影响。由公式(2-120)可知,A 的取值取决于 a 的大小,a 在寻优的过程中是随着迭代次数从 2 递减到 0 的,搜索后期 a 的取值很小,易导致算法陷入局部最优。为减小 a 对算法性能的影响,本书研究一种分段非线性递减的 a,前期 a 取值较大,有利于全局搜索;后期 a 取值较小,有利于局部开发,且局部开发持续较久,避免算法陷入局部最优,提高算法寻优精度,具体如下所示:

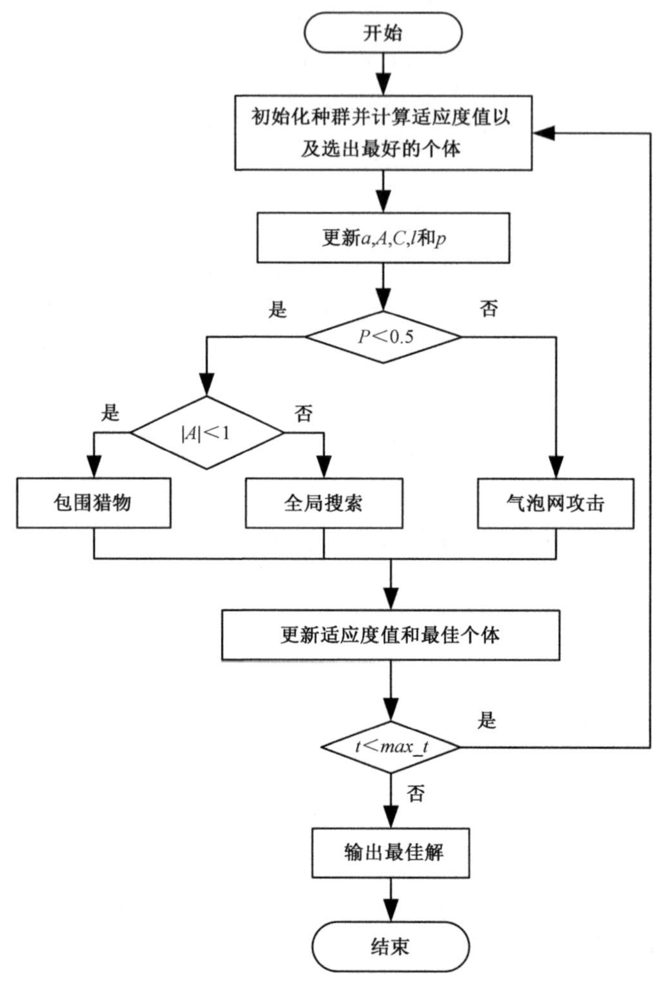

图 2-26 鲸鱼优化算法流程图

$$a=\begin{cases}2-\sin\dfrac{t}{T}\pi & t\leqslant 0.5T\\[2ex]1+\sin\left(\dfrac{\pi}{2}-\dfrac{t}{T}\pi\right) & 0.5T<t\leqslant T\end{cases}\tag{2-128}$$

其中,t 为当前迭代次数;T 为最大迭代次数。

2.9.2.2 差分变异

因为原始的鲸鱼优化算法缺乏跳出局部最优的策略,因此算法极其容易陷入局部最优中。差分进化算法[4]拥有高鲁棒性、易于编程和高全局探索能力的特点,文献[149]在黑寡妇优化算法中加入了差分进化的变异策略,帮助算法跳出局部最优,为此,本算法引入差分进化变异策略,提高算法跳出局部最优的能力。突变向量具体表达式如下:

$$v_i(t) = x_{w1}(t) + F \times (x_{w2}(t) - x_{w3}(t)) \tag{2-129}$$

其中,F 是突变因子;x_{w1}、x_{w2} 和 x_{w3} 是种群中三个不同的个体。

为了进一步提高算法跳出局部最优的能力,引入自适应因子

$$\lambda = e^{1-\frac{T_{max}}{T_{max}+1-t}} \tag{2-130}$$

$$F = F_0 \times 2^{\lambda} \tag{2-131}$$

其中,F_0 为 0.5。

为了进一步增加突变向量的多样性,加入交叉操作,交叉操作表达如下:

$$U_i(t) = \begin{cases} v_i(t) & rand(0,1) \leqslant CR \text{ or } j = j_{rand} \\ x_i(t) & \text{其他} \end{cases} \tag{2-132}$$

其中,$U_i(t)$是经过交叉后得到的;CR 为交叉算子。

最后,进行选择操作,具体表达式如下:

$$x_i(t+1) = \begin{cases} U_i(t) & f(U_i) < f(x_i) \\ x_i(t) & f(U_i) \geqslant f(x_i) \end{cases} \tag{2-133}$$

2.9.2.3　DWOA 的伪代码

根据以上的信息,列写 DWOA 的伪代码如下:

```
初始化种群 x;
计算种群的适应度值,找出最优秀的个体 x*。
While(t<t_max)
    For l=1:N(种群总数)
        更新参数 a, A, C, l, p, q, j_rand 和 m;
            If q<=0.5
                If rand<=CR 或 j=j_rand
                    选择随机个体:x_w1, x_w2, x_w3;
                    U_i(t) = x_w1(t) + F × (x_w2(t) - x_w3(t)) ;
                    Else:选择随机个体 x_rand;
                    D=|C×x_rand(t)-x(t)|;
```

```
                    U_i(j) = x_rand − A×D;
                Else
        Else If q>0.5
            If p<=0.5
                D = |C×x*(t) − x(t)|;
                    U_l(j) = x*(t) − A×D
            End
        End
        End For
    处理超出边界的点,计算适应度值和 u_i;
    If u_i 比 x_i 优秀
        则取代 x_i;
        If u_i 比 x* 优秀
            则取代 x*
          End
        t=t+1
        End
    输出最佳个体;
    结束循环
```

2.9.3 改进的鲸鱼优化算法的验证

为了验证改进后算法对于复杂问题的求解能力,本节选择 CEC2017 这一经典测试集来进行验证。本书选择将差分变异鲸鱼优化算法(DWOA)与多种经典算法[鲸鱼优化算法(WOA)、飞蛾扑火优化算法(MFO)[150]、海鸥优化算法(SOA)[151]、灰狼优化算法(GWO)]进行对比,以展示 DWOA 的优越性能。其中,各个算法的参数设置如表 2-34 所示,CEC2017 的测试函数的参数设置为:下限 $lb=-100$,上限 $ub=100$,维度 $dim=3$。

表 2-34　不同算法的参数设计

算法	参数
DWOA	$CR=0.9;F=0.5;beta=1.5;N=100;t\_max=5\ 000;$
WOA	$N=100;t\_max=5\ 000;$
MFO	$N=100;t\_max=5\ 000;$
GWO	$N=100;$t_max$=5\ 000;$
PSO	$V_{max}=ub/4;V_{min}=lb/4;W_{max}=0.9;W_{min}=0.4;$ $c_1=c_2=0.5;N=10;t\_max=5\ 000;$

表 2-34 中的优化算法在 CEC2017 测试集中的测试结果如表 2-35 所示。

表 2-35　不同算法对于 CEC2017 的运行结果

算法	DWOA	WOA	MFO	GWO	PSO
f_1	**1. 627 0E+04**	2. 295 9E+05	3. 950 8E+08	2. 008 8E+10	4. 275 8E+10
f_2	**1. 268 5E+03**	7. 115 3E+04	3. 196 3E+04	4. 814 9E+04	1. 109 4E+05
f_3	**484. 668 4**	604. 985 9	576. 783 0	1. 077 0E+03	8. 077 4E+03
f_4	563. 677 2	795. 976 7	**562. 505 9**	630. 277 0	881. 559 6
f_5	**600. 000 2**	648. 080 8	604. 560 2	633. 815 8	681. 886 9
f_6	**789. 365 7**	1. 364 6E+03	808. 566 2	901. 485 1	2. 207 7E+03
f_7	**825. 868 9**	979. 449 6	874. 290 8	964. 502 7	1. 207 2E+03
f_8	**900. 000 0**	8. 488 2E+03	1. 146 1E+03	4. 759 7E+03	1. 473 2E+04
f_9	**4. 236 4E+03**	5. 672 1E+03	4. 634 1E+03	5. 176 7E+03	8. 486 5E+03
f_{10}	**1. 138 9E+03**	1. 442 4E+03	1. 599 4E+03	1. 601 5E+03	5. 288 7E+03
f_{11}	**1. 403 3E+05**	5. 251 8E+06	6. 853 4E+06	8. 486 5E+05	3. 698 3E+09
f_{12}	**4. 365 0E+03**	1. 365 2E+05	7. 292 7E+04	1. 071 1E+05	3. 366 6E+09
f_{13}	**1. 581 0E+03**	5. 393 5E+05	4. 289 1E+03	3. 701 2E+04	5. 930 6E+05
f_{14}	4. 273 6E+04	8. 409 8E+04	2. 240 8E+04	**1. 396 7E+04**	2. 999 6E+08
f_{15}	**2. 403 7E+03**	3. 687 0E+03	2. 436 0E+03	2. 554 4E+03	4. 192 0E+03
f_{16}	1. 921 5E+03	2. 695 5E+03	**1. 914 7E+03**	2. 979 4E+03	3. 016 4E+03
f_{17}	**2. 573 5E+04**	1. 670 9E+05	9. 023 5E+04	1. 081 9E+05	7. 060 3E+06
f_{18}	5. 643 1E+04	1. 120 3E+06	8. 844 0E+05	**2. 673 2E+04**	3. 150 0E+08
f_{19}	2. 621 5E+03	2. 732 3E+03	**2. 173 0E+03**	2. 404 1E+03	2. 828 8E+03
f_{20}	2. 362 0E+03	2. 584 6E+03	**2. 347 8E+03**	2. 525 9E+03	2. 694 1E+03

续表 2-35

算法	DWOA	WOA	MFO	GWO	PSO
f_{21}	4.310 4E+03	**2.416 7E+03**	4.430 2E+03	7.508 4E+03	7.906 3E+03
f_{22}	**2.718 5E+03**	2.962 4E+03	2.726 6E+03	2.769 4E+03	3.180 8E+03
f_{23}	**2.862 6E+03**	3.107 3E+03	3.028 0E+03	2.945 3E+03	3.438 0E+03
f_{24}	**2.887 4E+03**	2.923 0E+03	2.955 6E+03	3.003 9E+03	6.659 4E+03
f_{25}	4.482 4E+03	7.342 6E+03	**4.205 1E+03**	4.855 4E+03	9.947 9E+03
f_{26}	**3.193 8E+03**	3.336 7E+03	3.225 7E+03	3.227 1E+03	3.724 3E+03
f_{27}	**3.191 5E+03**	3.295 0E+03	3.353 3E+03	3.545 4E+03	5.797 2E+03
f_{28}	**3.381 6E+03**	5.344 7E+03	3.767 2E+03	3.937 2E+03	5.495 6E+03
f_{29}	**1.406 0E+04**	1.714 3E+06	1.181 8E+06	4.749 7E+05	2.535 5E+08

经过对表 2-35 分析,改进的算法 DWOA 仅仅对于 f_5、f_{15}、f_{17}、f_{19} ~ f_{22} 及 f_{26} 函数的求解精度弱于其他算法,DWOA 算法在其他测试函数的收敛精度要高于其他算法。各个算法的收敛曲线如图 2-27 所示。

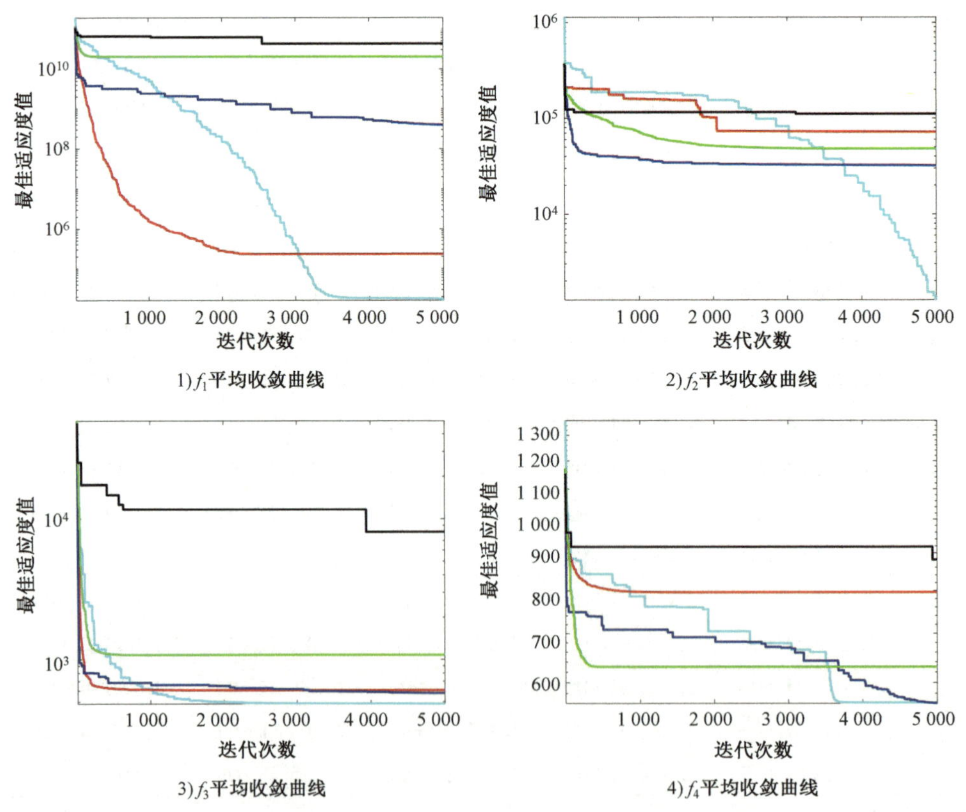

1) f_1 平均收敛曲线

2) f_2 平均收敛曲线

3) f_3 平均收敛曲线

4) f_4 平均收敛曲线

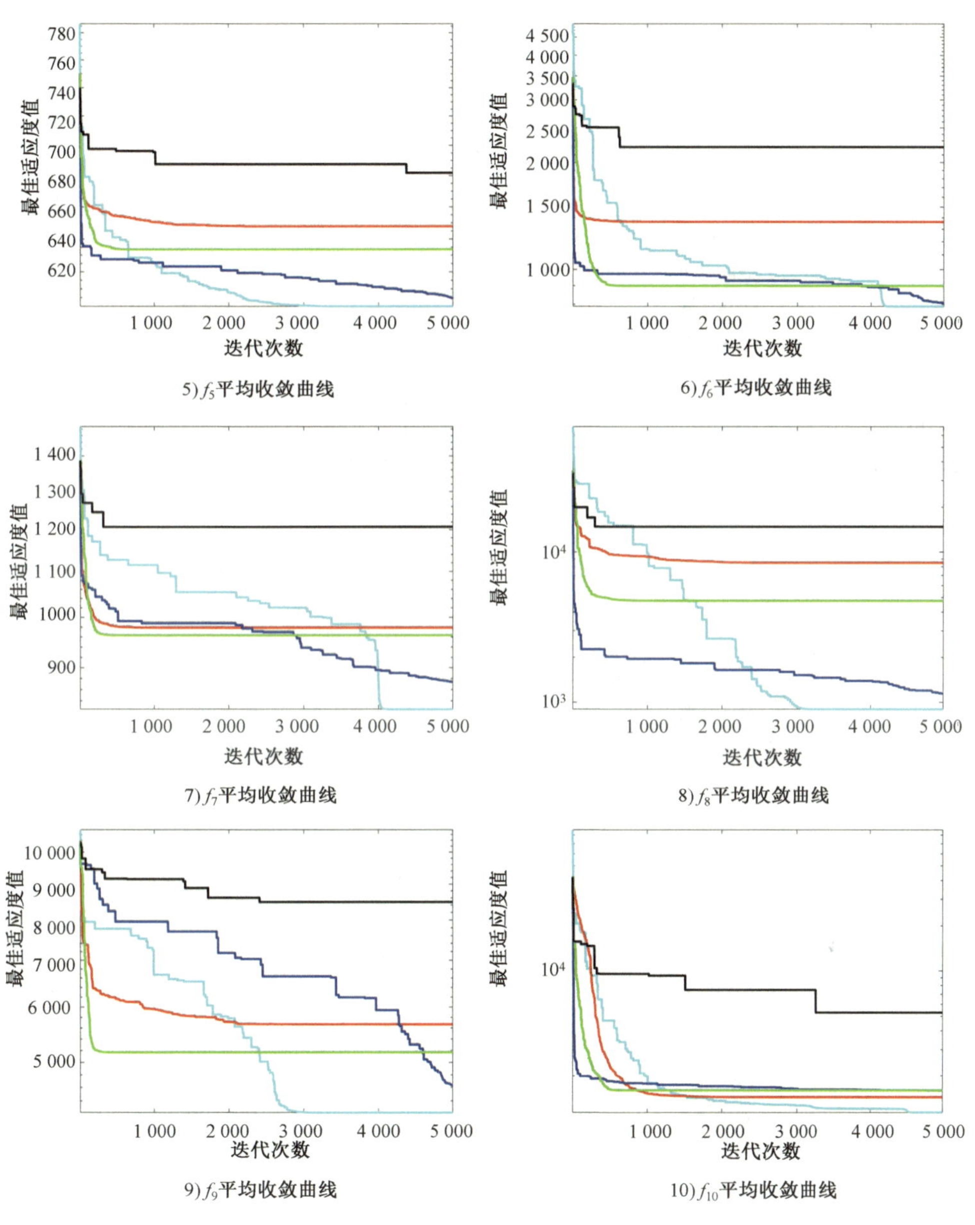

5) f_5平均收敛曲线

6) f_6平均收敛曲线

7) f_7平均收敛曲线

8) f_8平均收敛曲线

9) f_9平均收敛曲线

10) f_{10}平均收敛曲线

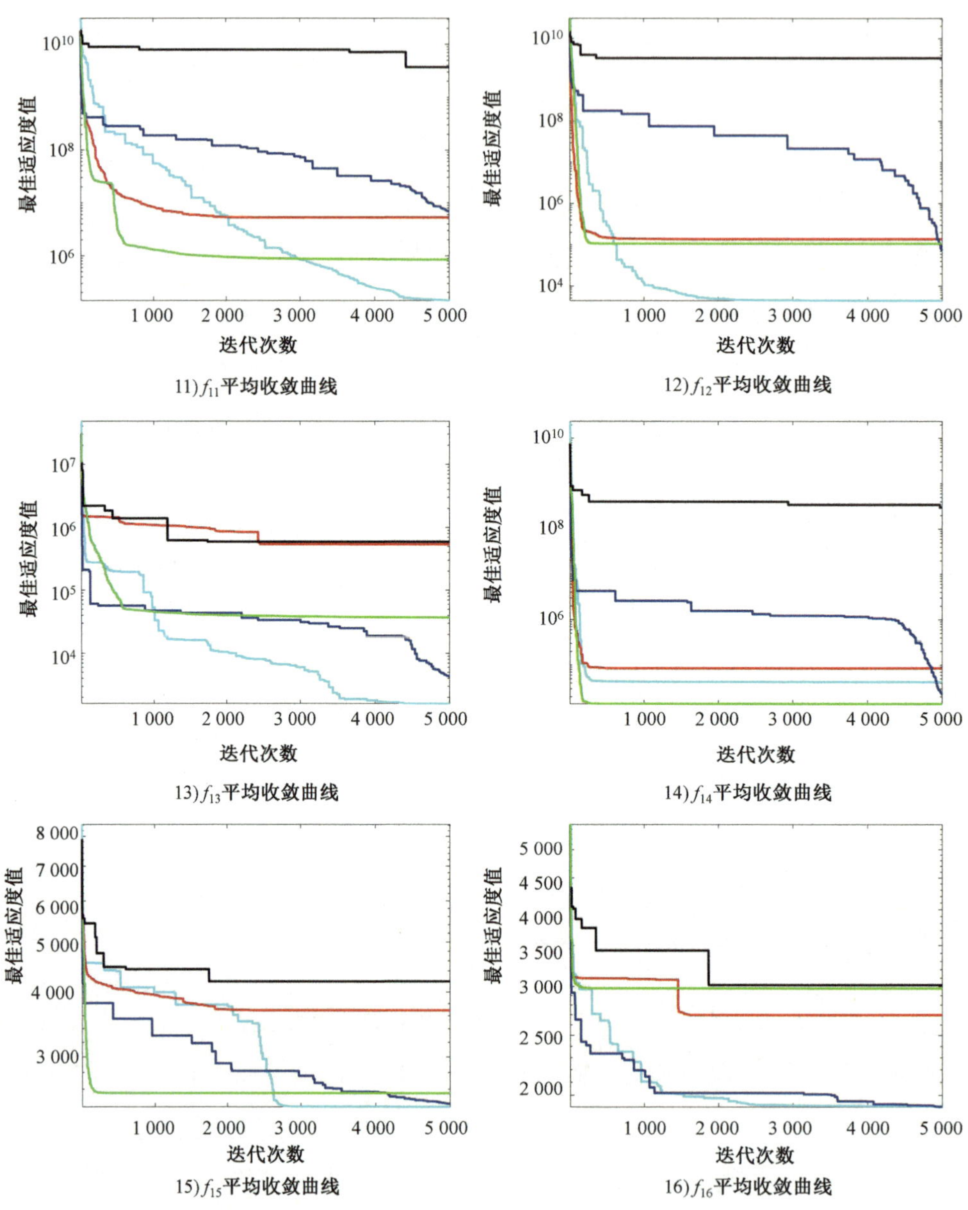

11) f_{11}平均收敛曲线

12) f_{12}平均收敛曲线

13) f_{13}平均收敛曲线

14) f_{14}平均收敛曲线

15) f_{15}平均收敛曲线

16) f_{16}平均收敛曲线

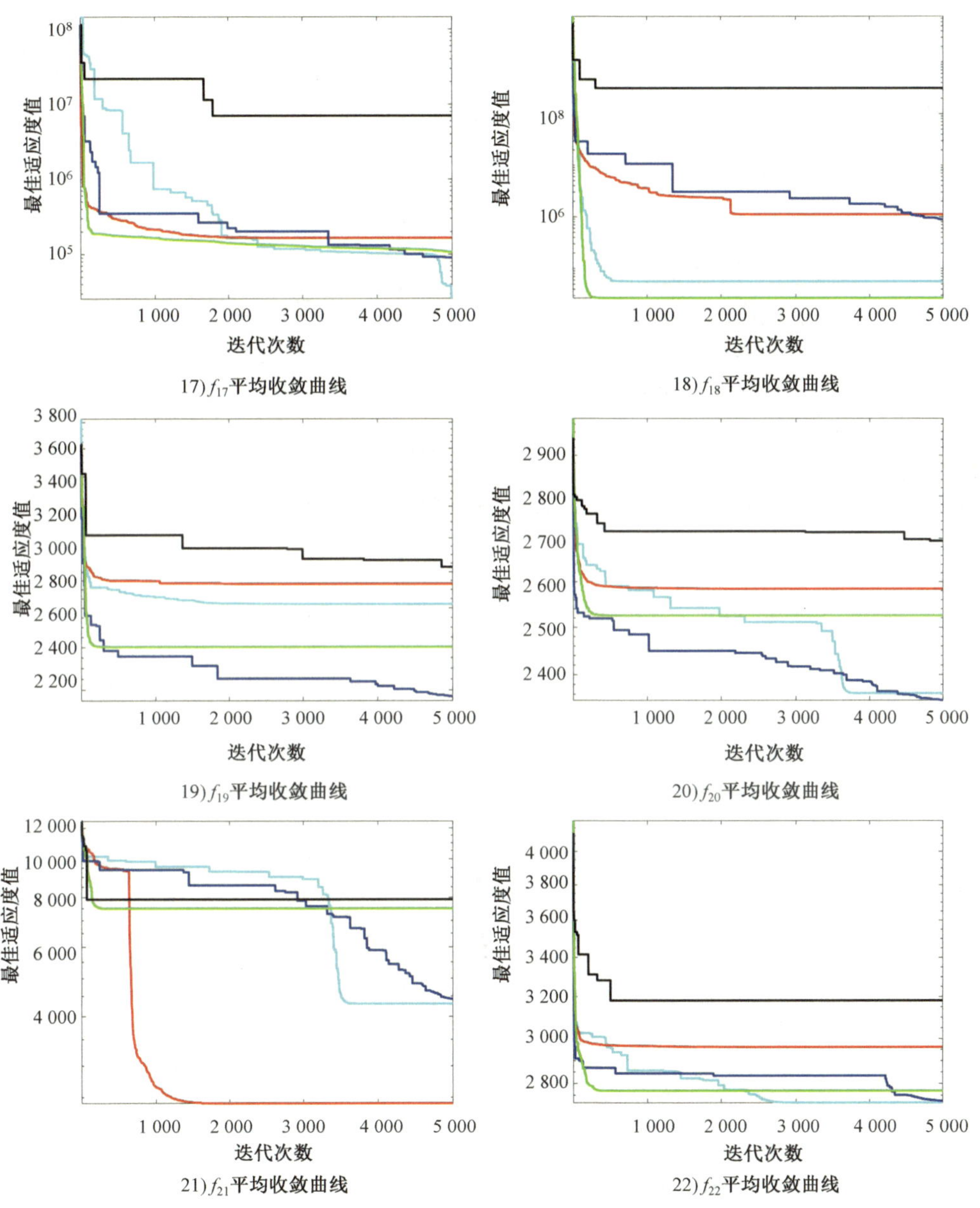

17) f_{17}平均收敛曲线

18) f_{18}平均收敛曲线

19) f_{19}平均收敛曲线

20) f_{20}平均收敛曲线

21) f_{21}平均收敛曲线

22) f_{22}平均收敛曲线

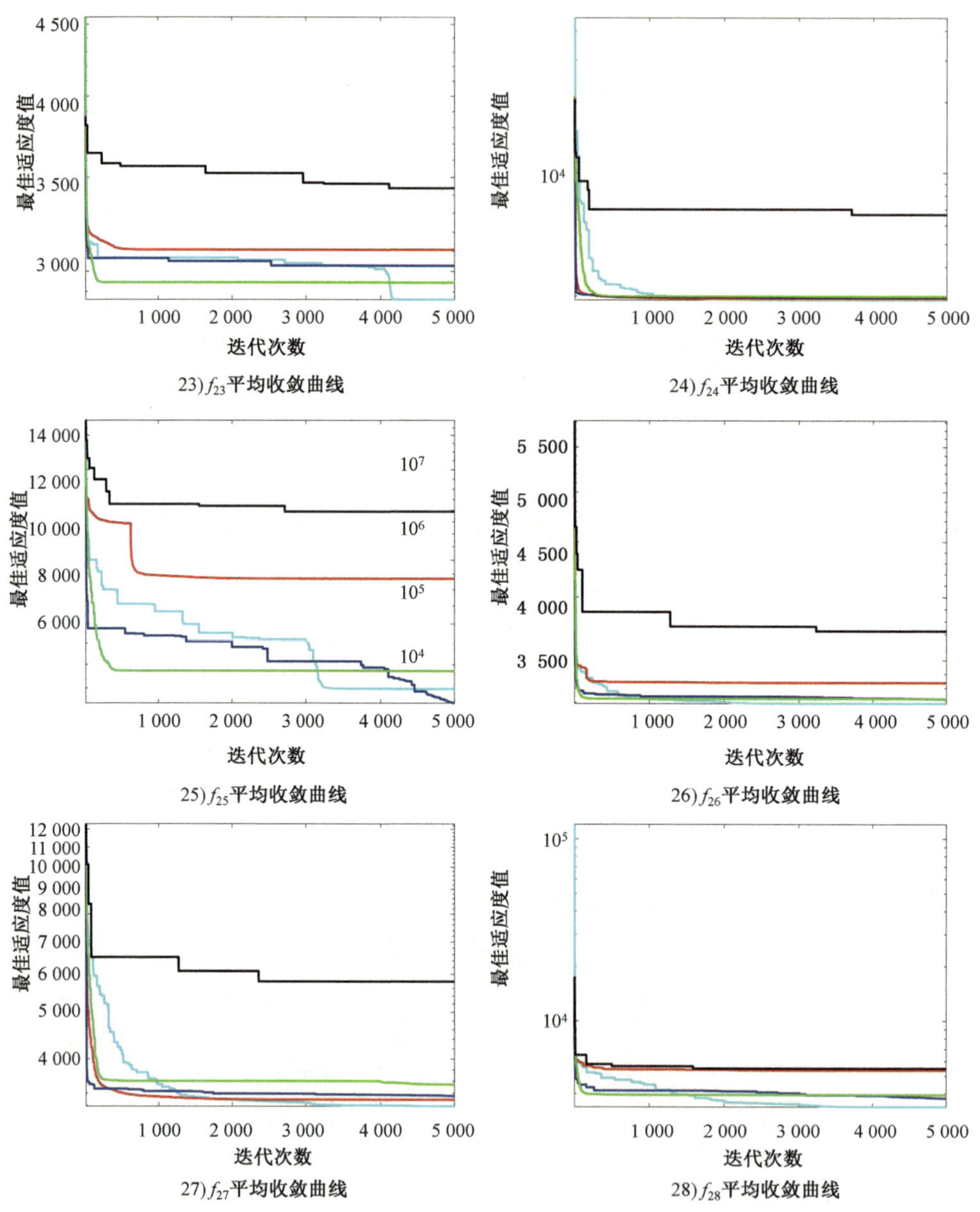

23) f_{23}平均收敛曲线

24) f_{24}平均收敛曲线

25) f_{25}平均收敛曲线

26) f_{26}平均收敛曲线

27) f_{27}平均收敛曲线

28) f_{28}平均收敛曲线

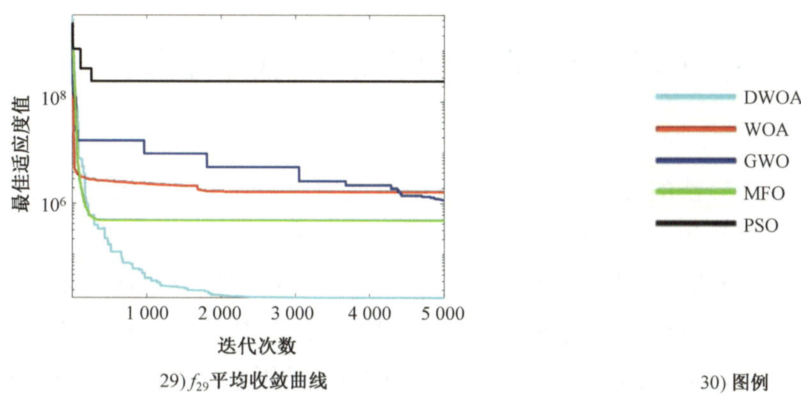

29) f_{29}平均收敛曲线　　30) 图例

图 2-27　各种算法对于 CEC2017 的迭代图

由图 2-27 可见，DWOA 相比于其他算法在优化性能上有着很大的提升。对于 f_4、f_8、f_9、f_{13}、f_{15}、f_{17}、f_{21}、f_{23}、f_{25}，DWOA 在迭代中期适应度有着明显的突变，说明改进的计算机制使得算法在中后期的局部寻优能力得到明显的增强。对于函数 f_4、f_6、f_8、f_{11}、f_{13}、f_{17}、f_{23}、f_{25}，DWOA 在迭代后期的适应度值也有着明显的变化，表明差分变异的改进策略能够提高算法跳出局部最优的能力。综上，DWOA 的迭代速度和寻优能力有着明显的提高。

第 3 章 群智能优化算法工程应用

群智能优化算法的应用领域广阔,其中机械领域是其主要应用领域之一。机械产业是国民经济的主要支柱产业,对其优化设计有助于提高生产效率、促进产业发展,使其适应新质生产力的发展要求。新质生产力作为生产力现代化的具体体现,突出了创新的主导作用,摆脱了传统经济增长方式,具备高科技、高效能、高质量等特征。目标函数和约束条件是优化问题中重要的因素,在具体的工程问题中,目标函数的建立需要考虑具体工艺、权衡多个目标,对专业水平要求较高。选择合适的优化算法与目标函数相匹配也是优化成功与否的关键。本章从轧制规程优化、液压控制系统 PID 参数优化、旋转机械故障诊断、液压系统可靠性优化、液压阀块机械设计优化等机械领域进行优化应用研究,建立相应的优化目标函数,并给出适合的优化算法。

3.1 轧制规程优化

轧制负荷分配是轧制规程设定的核心,对提高轧制效能作用重大[152]。随着冷轧生产要求的不断提高,负荷分配的精确和最优化越来越重要,寻求高效的优化算法是解决轧制负荷分配优化问题的关键所在。为此,本节将所提的动态拓扑多作用力微粒群算法应用于轧制负荷分配优化设计中,实现轧制力按比例分配的负荷分配优化,并与文献[153]中的结果对比,以说明所提动态拓扑多作用力微粒群算法的可行性。

3.1.1 轧制负荷分配模型

以文献[153]中的某冷轧厂 1450 五机架冷连轧机的轧制负荷分配优化为例,建立其负荷分配优化模型,并对其进行求解。该轧机前 4 个机架为四辊轧机,第 5 机架为六辊轧机,设有中间辊串辊装置,各机架均采用电动和液压联合压下方式,并设有液压弯辊装置,整套设备基于德国西门子的软硬件平台开发轧机自动控制系统。

3.1.1.1 轧制力模型

轧制力是制定轧制工艺制度、设计与校核机械设备强度、充分挖掘设备潜力和提高产品质量的重要参数,因此轧制力模型是最根本的工艺模型。轧制力的影响因素众多、关系复杂,为保证计算精度,同时又要满足在线设定计算的需要,应对轧制力模型进行简化,简化后变形区的基本参数如图 3-1 所示。

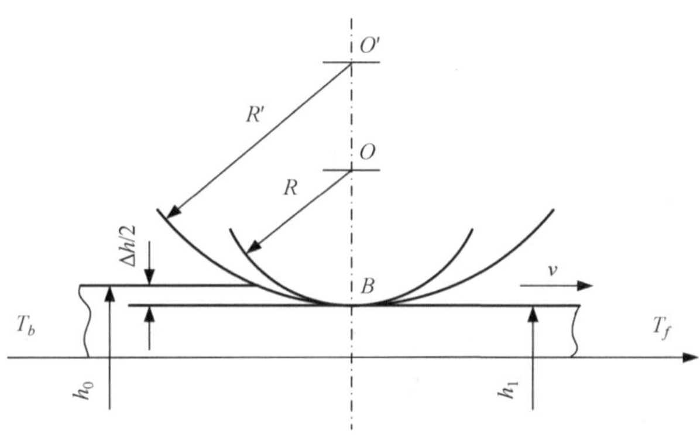

图 3-1　轧制力模型简图

轧制力根据轧制理论采用经典模型计算,计算公式为

$$P = Bl'_{c}Q_{P}K_{T}p_{k} \tag{3-1}$$

式中

P——轧制力,单位 kN;

B——轧件宽度,单位 m;

l'_{c}——考虑压扁后的变形区接触弧长,单位 mm;

Q_{P}——考虑压扁后的外摩擦应力状态系数;

K_{T}——张力影响系数;

p_k——考虑宽度方向主应力影响的变形抗力,取 $p_k = 1.15\sigma$,单位 MPa。

接触弧长 l'_{c}的计算公式为　$l'_{c} = \sqrt{R'\Delta h}$　(3-2)

其中,R'为压扁半径,单位 mm;Δh 为绝对压下量,单位 mm,$\Delta h = h_0 - h_1$,h_0 为入口厚度,h_1 为出口厚度。

压扁半径 R'的计算公式为

$$R' = R \times \left(1 + 2.2 \times 10^{-5} \times \frac{P}{B \times \Delta h}\right) \tag{3-3}$$

其中,R 为轧辊半径,单位 mm。

压扁后的外摩擦应力状态系数 Q_P 是轧制力模型的核心，经过多次现场试验，发现 Hill 公式计算轧制力，较其他公式更加准确。所以最终采用 Hill 模型计算外摩擦应力状态系数，如式(3-4)所示：

$$Q_P = 1.08 + 1.79\mu\varepsilon\sqrt{1-\varepsilon}\sqrt{\frac{R'}{h_1}} - 1.02\varepsilon \tag{3-4}$$

$$\varepsilon = \frac{h_0 - h_1}{h_0} \tag{3-5}$$

其中，μ 为摩擦系数；ε 为变形程度。

3.1.1.2　目标函数

为了操作更加直观，文献[153]采用相对方式的一种——轧制力分配比方式。

轧制力等比例分配的目标函数为

$$F = \sum_{i=1}^{n}(P_i - \gamma P_{H_i})^2 \tag{3-6}$$

式中

F——轧制力均衡的目标函数；

n——机架总数；

i——机架号；

P_i——要求解的第 i 机架设定轧制力；

P_{Hi}——给定的第 i 机架轧制力分配值；

γ——系数。

γ 的计算公式为

$$\gamma = \frac{\sum_{i=1}^{n} P_i}{\sum_{i=1}^{n} P_{H_i}} \tag{3-7}$$

当计算出各机架 P_i 满足式(3-8)时，F 取得最小值零。最优计算的目标是各架轧制力按设定比例分配。即计算出各架轧制力 P_i 设定值，使其比例满足

$$\frac{P_i}{\sum_{i=1}^{n} P_i} = \frac{P_{H_i}}{\sum_{i=1}^{n} P_{H_i}} \tag{3-8}$$

文献[153]采用相对压下量分配作为自变量，具有直观、计算简便的优点。压下量分配在微粒群算法中即为位置 X。压下量分配的定义如式(3-9)所示：

$$x_i = \frac{h_{i-1} - h_i}{H_0 - h_n} \tag{3-9}$$

其中，H_0 为来料厚度；h_{i-1} 为第 i 机架入口厚度；h_i 为第 i 机架出口厚度。对于五机架冷连轧机，X 就是五维的向量。

3.1.1.3　适应度函数

根据相对压下量分配的定义可知，各架压下量分配之和应该为 1。为处理这一约束条件，将带约束的优化问题转换成无约束的优化问题，应用罚函数法，以原目标函数和约束条件为基础构造一个新的适应度函数。

轧制负荷分配优化的适应度函数为

$$T(x) = F(x) + qS(x) \tag{3-10}$$

其中，$F(x)$ 为轧制力等比例分配的目标函数；q 为惩罚因子，为一个很大的数；$S(x)$ 为压下量分配之和为 1 的惩罚项，其表达式如下：

$$S(x) = \left(\sum_{i=1}^{n} x_i - 1\right)^2 \tag{3-11}$$

当微粒所求的解不满足约束时，即 $\sum\limits_{i=1}^{n} x_i \neq 1$ 时，惩罚因子 q 与惩罚项 $S(x)$ 的乘积就会很大，从而会增大微粒的适应度，以便将该解舍弃。

3.1.2　轧制负荷分配优化

文献[153]采取微粒群算法进行轧制负荷分配计算的思路是，将压下量分配作为自变量，根据经验，首先选择初始压下量分配，计算出各架厚度，再利用式(3-1)所示轧制力模型，由厚度计算出各架轧制力，求出各微粒的适应度，最后经过微粒群的迭代更新，得出适应度函数的最小值。

选取如下参数的带钢进行轧制力成比例分配计算：带钢宽度为 1 000 mm，来料厚度 2.7 mm，成品厚度 0.5 mm，来料钢号为 Q195。机架 1～机架 5 轧制力分配的目标比值为 10 121 : 10 245 : 10 000 : 9 158 : 8 751。

为了尽可能地在相同条件下进行比较，MFPSO、DTMFPSO 算法参数与文献[153]中微粒群算法设置相同，其参数设置如下：种群规模 $N=50$、函数维数 $n=5$、惯性权重 $w=0.9\sim0.1$、加速常数 $c=2$、惩罚因子 $q=1\times10^8$、自变量取值范围 $x=[x_{\min}, x_{\max}]=[0.05, 0.6]$；为充分发挥所提算法各搜索阶段的作用，将其最大迭代次数设为 $t_{\max}=1\ 000$、切换因子 $t_1=100$、$t_2=700$。

MFPSO、DTMFPSO 算法迭代过程中适应度函数变化曲线和轧制力变化曲线分别如图 3-2~图 3-4 所示。标准 PSO、MFPSO、DTMFPSO 算法所得的最优轧制负荷分配结果如表 3-1 所示。

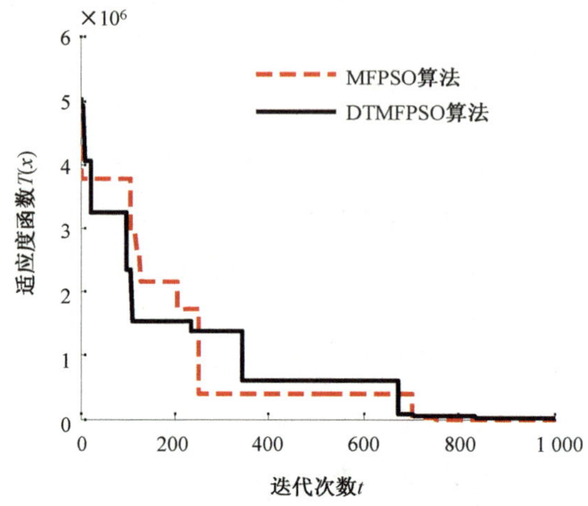

图 3-2　适应度函数变化曲线

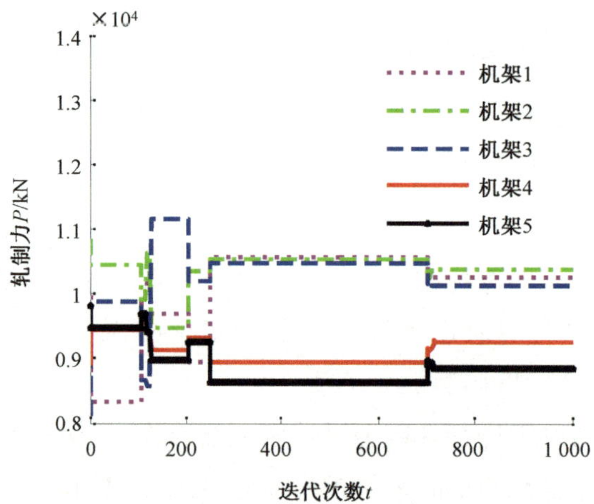

图 3-3　轧制力变化曲线(MFPSO 算法)

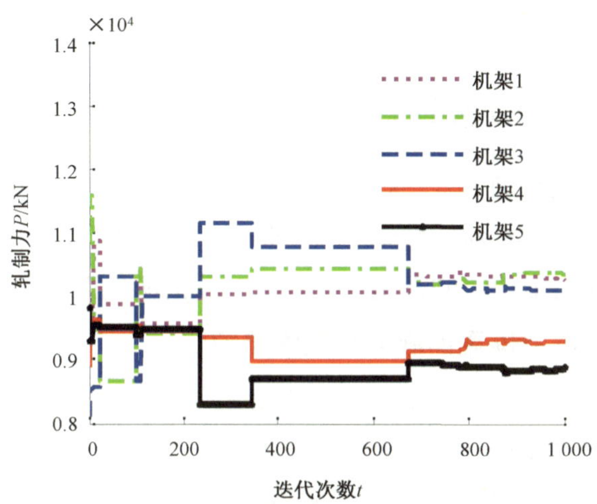

图 3-4　轧制力变化曲线(DTMFPSO 算法)

表 3-1　3 种算法的最优轧制负荷分配结果

机架	标准 PSO 算法			MFPSO 算法			DTMFPSO 算法		
	轧制力/kN	压下量分配/%	出口厚度/mm	轧制力/kN	压下量分配/%	出口厚度/mm	轧制力/kN	压下量分配/%	出口厚度/mm
1	10 246	40. 59	1. 807	10 245	40. 59	1. 807	10 245	40. 59	1. 807
2	10 368	24. 45	1. 269	10 370	24. 46	1. 269	10 370	24. 46	1. 269
3	10 121	15. 44	0. 929	10 122	15. 44	0. 929	10 122	15. 44	0. 929
4	9 270	10. 02	0. 709	9 270	10. 02	0. 709	9 270	10. 02	0. 709
5	8 859	9. 49	0. 500	8 858	9. 49	0. 500	8 858	9. 49	0. 500

由表 3-1 可知,标准 PSO 算法所得的轧制力比值为 10 246 ∶ 10 368 ∶ 10 121 ∶ 9 270 ∶ 8 859 = 0. 209 7 ∶ 0. 212 2 ∶ 0. 207 1 ∶ 0. 189 7 ∶ 0. 181 3,MFPSO、DTMFPSO 算法所得的轧制力比值为 10245 ∶ 10370 ∶ 10122 ∶ 9270 ∶ 8858 = 0. 2097 ∶ 0. 2122 ∶ 0. 2071 ∶ 0. 1897 ∶ 0. 1813;实际要求的轧制力比值 10 121 ∶ 10 245 ∶ 10 000 ∶ 9 158 ∶ 8 751 = 0. 209 7 ∶ 0. 212 2 ∶ 0. 207 1 ∶ 0. 189 7 ∶ 0. 181 3,由此可知,上述三种算法所得轧制力比值均达到了要求的目标比值。标准 PSO 算法经过 60 次迭代后,适应度函数的最小值为 0. 01,MFPSO、DTMFPSO 算法经过 1 000 次迭代后,适应度函数的最小值分别为 0 和 0. 005,显然,相比标准 PSO 算法,MFPSO、DTMFPSO 算法所

得结果精度较高,但其搜索速度较慢。本节所提的算法适用于对轧制负荷分配精度要求较高、运算时间要求不太高的场合。

3.2 液压控制系统 PID 参数优化

液压传动是典型的传动方式,具有功率重量比大、无级调速、易于远程控制等诸多优点,广泛应用于冶金、航空航天、工程机械等领域[154-155]。本节给出运用 2.5 节细菌群优化算法进行液压控制系统 PID 参数优化的实例[97]。

3.2.1 材料试验机电液位置伺服系统数学建模

以材料试验机电液位置伺服系统为研究对象,电液位置伺服系统示意图如图 3-5 所示,系统控制框图如图 3-6 所示。

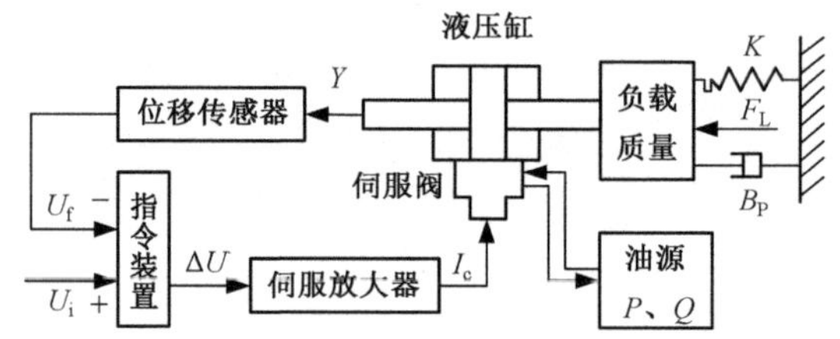

图 3-5 材料试验机电液位置伺服系统示意图

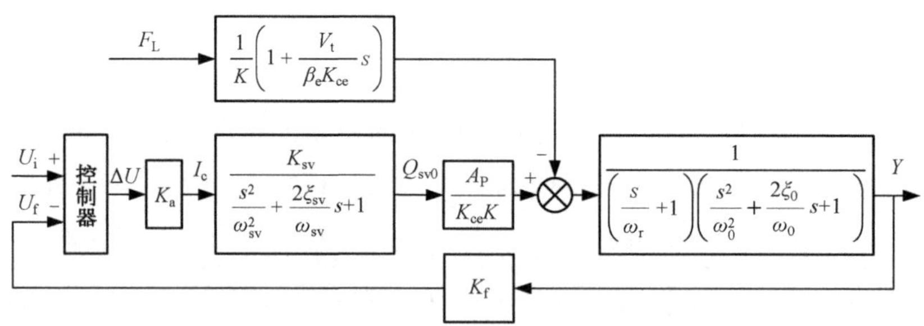

图 3-6 电液位置伺服系统框图

忽略外力扰动 F_L,得到开环传递函数为

$$\frac{U_f}{U}=\frac{\dfrac{K_aK_{sv}A_PK_f}{K_{ce}K}}{\left(\dfrac{s^2}{\omega_{sv}^2}+\dfrac{2\xi_{sv}}{\omega_{sv}}s+1\right)\left(\dfrac{s}{\omega_r}+1\right)\left(\dfrac{s^2}{\omega_0^2}+\dfrac{2\xi_0}{\omega_0}s+1\right)} \tag{3-12}$$

式中

U_{f}——传感器反馈电压；

U——控制器输出电压；

K_{a}——伺服放大器增益；

K_{sv}——伺服阀流量增益系数；

A_{P}——液压缸活塞有效面积；

K_{f}——位移传感器增益；

K_{ce}——总流量-压力系数；

K——负载弹簧刚度；

ω_{sv}——伺服阀固有频率；

ξ_{sv}——伺服阀阻尼比；

ω_{r}——惯性环节转折频率；

ω_0——综合固有频率；

ξ_0——综合阻尼比。

将材料试验机电液位置伺服系统实际参数代入后得到开环传递函数为

$$\frac{U_{\mathrm{f}}}{U}=\frac{\dfrac{0.002\times0.05\times8.48\times10^{-3}\times100}{2.38\times10^{-11}\times1\times10^{7}}}{\left(\dfrac{s^2}{628^2}+\dfrac{2\times0.7}{628}s+1\right)\left(\dfrac{s}{3.3}+1\right)\left(\dfrac{s^2}{2\,510^2}+\dfrac{2\times0.2}{2\,510}s+1\right)} \tag{3-13}$$

求开环系统的 Bode 图，如图 3-7 所示，幅值裕度为 56 dB，相位裕度为无穷大，可见该系统闭环稳定。

计算该系统在 1 V 指令(10 mm)下闭环阶跃响应，如图 3-8 所示。可以看出，该系统在未加任何补偿控制器之前，虽然系统闭环稳定，但是存在较大的静态误差，而且响应速度很慢，远不能达到该材料试验机对准确性的要求，因此必须设计合理的控制器才能使得该系统到达一定的使用要求。

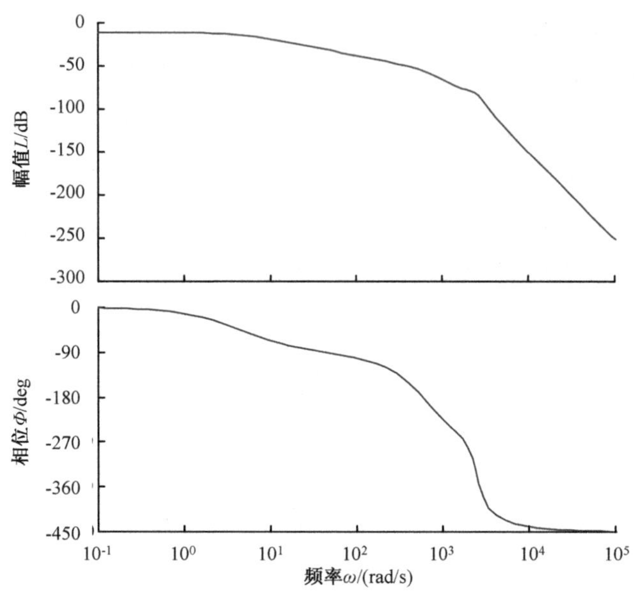

图 3-7　系统的开环 Bode 图

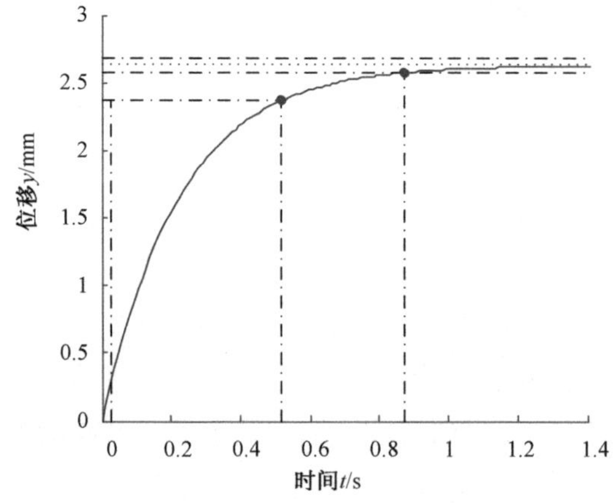

图 3-8　闭环系统的阶跃响应

3.2.2　数字 PID 控制器

采用数字计算需要对常规的 PID 算式通过采样进行离散化,离散化后的控制器即为数字式 PID 控制器。与位置 PID 相比,增量 PID 采用增量输出,出现误动作时影响小,算式中不需要累加,容易获得良好的控制效果。因此,采用数字增量

PID 控制器,表达式如下:

$$\begin{aligned}\Delta u(kT) &= u(kT) - u(kT - T) \\ &= K_p[e(kT) - e(kT - T)] + K_i e(kT) + \\ &\quad K_d[e(kT) - 2e(kT - T) + e(kT - 2T)]\end{aligned} \tag{3-14}$$

$$K_i = \frac{K_p T}{T_i} \tag{3-15}$$

$$K_d = \frac{K_p T_d}{T} \tag{3-16}$$

其中,u 为控制输出;e 为误差;K_p 为比例系数;K_i 为积分系数;K_d 为微分系数;T 为采样周期,这里 T 取 0.001 s。

3.2.3　基于 BSFO 算法的 PID 控制器参数优化

采用 2.5 节提出的细菌群觅食优化算法 BSFO 进行上述 PID 控制器的参数优化。采用实数编码,参数寻优中的细菌位置量 P 直接编码为 $[K_p, K_i, K_d]$。目标函数包括绝对误差、控制器输出平方、被控对象输出增量和调节时间等,目标函数如下:

$$J = \int_0^t (w_1 |e(t)| + w_2 u^2(t) + w_4 |y(t) - y(t-1)|) \mathrm{d}t + w_3 t_s \tag{3-17}$$

其中,$e(t)$ 为控制误差;$u(t)$ 为控制器输出;t_s 为调整时间;w_1、w_2、w_3、w_4 为权值:$w_1 = 0.999$,$w_2 = 0.001$,$w_3 = 2$,$w_4 = 100$;$y(t)$ 为被控对象输出。

BSFO-PID 算法流程如图 3-9 所示。

仿真结果及分析 BSFO-PID 的参数设置如表 3-2 所示。

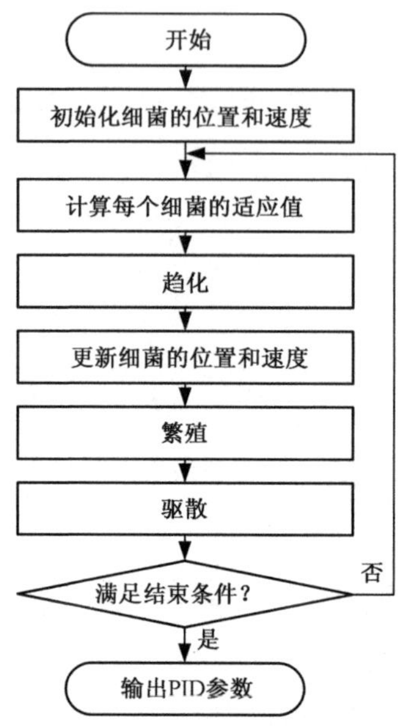

图 3-9 BSFO-PID 算法流程

表 3-2 BSFO 算法参数设置

N_c	N_s	N_{re}	N_{ed}	P_{ed}	c_1
20	4	4	2	0.25	1.2
c_2	S	x_{max}	x_{min}	w_{max}	w_{min}
1.2	20	60	0	0.9	0.4

最后求得 PID 控制器的参数和目标函数值的优化结果如表 3-3 所示。

表 3-3 不同算法参数优化结果

算法	K_p	K_i	K_d	目标函数值
Z-N PID	33.540 0	301.784 3	0.043 1	—
BSO-PID	43.917 8	48.265 3	0.713 6	12.876 9
BF-PID	10.914 6	39.111 7	0.021 1	16.782 3
μPSO-PID	58.891 7	48.501 2	0.001 8	14.987 5
BSFO-PID	52.889 0	49.165 0	0.147 5	12.021 4

从表 3-3 可以看出，BSFO-PID 控制器的目标函数值最小。

Z-NPID、BSO-PID、μPSO-PID、BF-PID 和 BSFO-PID 几种控制策略作用下控制

器的输出量如图 3-10 所示。

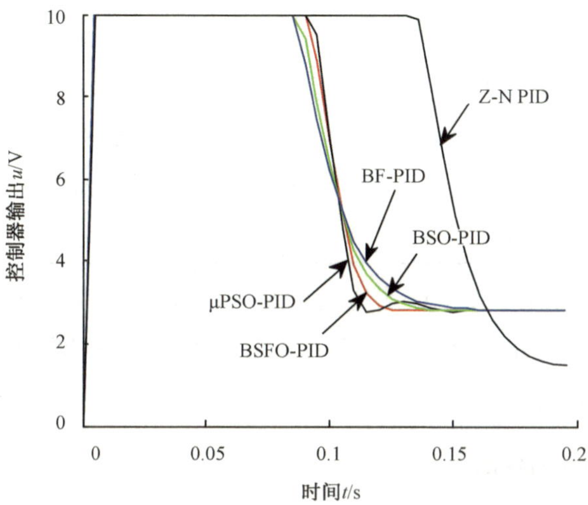

图 3-10 不同控制策略下的控制器输出

材料试验机电液位置伺服系统的单位阶跃响应(1 V,10 mm)如图 3-11 所示。

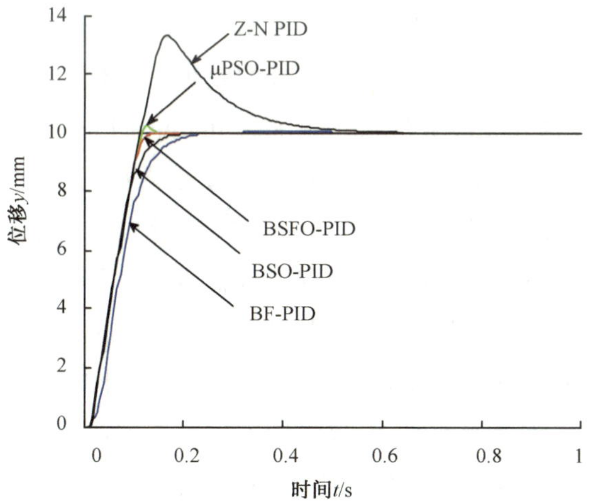

图 3-11 不同控制策略的阶跃响应

系统动态性能指标如表 3-4 所示。

表 3-4　阶跃响应动态性能指标

算法	超调量/%	调整时间/s	峰值时间/s	上升时间/s
Z-N PID	33.230	0.420	0.166	0.103
BSO-PID	0.017	0.175	0.181	0.162
BF-PID	0	0.212	0.251	0.198
μPSO-PID	3.501	0.142	0.124	0.105
BSFO-PID	0	0.125	0.145	0.124

仿真结果表明:运用 BSFO 算法优化的材料试验机电液位置伺服系统 PID 控制器较其他 4 种算法优化设计的控制器在响应速度、收敛精度、超调量等方面具有更优良的综合控制性能。

3.3　旋转机械故障诊断

旋转机械在生产设备中应用广泛,由于其常处在高速、高温、变载荷、强冲击环境下,极易发生故障。旋转机械故障诊断可以通过采集其振动加速度、声音等信号进行实时监测,并通过信号消噪、特征提取、模式分类等流程对故障加以分类识别。在上述流程中,涉及各种方法,每种方法的参数选择,对故障诊断的结果将会产生影响。作者在文献[156]中应用樽海鞘优化算法,优化核支持张量训练机两个超参数,并在轴向柱塞泵故障诊断中取得了良好的效果。文献[157]证明了在强背景噪声影响下,直接快速迭代滤波算法(direct Fast Iterative Filtering, dFIF)在分解速度和精度方面具有良好的性能,以及该方法在滚动轴承信号处理和故障模式识别中的有效性和适用性。dFIF 中两个参数——模态数量和阈值参数,对该算法的性能影响较大,选择不合适将会导致信号出现欠分解或者过分解的问题。因此,如何选择 dFIF 中合适的参数值得深入研究。支持向量机(Support Vector Machine, SVM)是一种常用的模式分类方法。作者在文献[158]中采用扩展粒子群算法优化支持向量机的惩罚因子和核函数参数,对故障样本训练并完成滚动轴承故障识别分类。作者针对多尺度排列熵算法的参数确定问题,综合考虑参数之间的交互影响,提出一种基于多作用力微粒群算法的参数优化方法,并通过快速变分模态分解和参数优化多尺度排列熵算法提取故障特征[159]。

作者在文献[160]中将遗传算法与微粒群算法进行了 MPE 的参数优化。多尺度排列熵[161](Multi-Scale Permutation Entropy, MPE)可以度量信号在不同尺度下的复杂度,用多尺度排列熵量化轴承振动信号并将多尺度排列熵值作为特征参数,可提取轴承故障特征。但滚动轴承从正常状态到发生故障是一个渐变的过程,只用特征值辨识不同类型或不同损伤程度的故障具有一定的难度。模糊 C 均值算法(Fuzzy C-Means Clustering, FCM)[162]是经典的基于目标函数的聚类算法,其通过极小化所有数据点与各聚类中心的欧氏距离及模糊隶属度的加权和,不断地迭代修正聚类中心和隶属矩阵,直到符合终止准则,将具有相似特性的数据样本聚为一类。因此,提出基于参数优化多尺度排列熵与模糊 C 均值聚类相结合的故障诊断方法,诊断流程如图 3-12 所示。

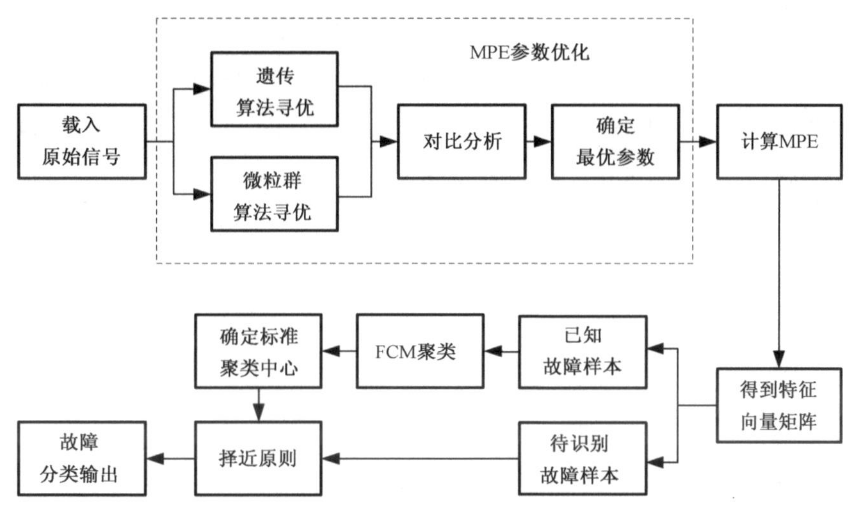

图 3-12 基于参数优化 MPE 与 FCM 算法的故障诊断流程

基于参数优化 MPE 与 FCM 算法的故障诊断具体步骤如下:

(1) 分别利用遗传算法和微粒群算法对多尺度排列熵的参数进行优化,得到 2 组优化参数。通过对比分析,确定多尺度排列熵的最优参数组合。

(2) 将优化得到的最优参数组合重新设置为多尺度排列熵的参数,计算原始信号的多尺度排列熵值并进行分析。

(3) 由得到的多尺度排列熵值提取合适的特征向量,选取一部分作为已知故障样本,另一部分作为待识别故障样本。利用模糊 C 均值聚类算法确定已知故障样本的标准聚类中心,由择近原则计算待识别故障样与标准聚类中心的距离,实现滚动轴承的故障分类识别。

采用美国凯斯西储大学电气工程实验室的滚动轴承试验数据进行分析。该测试驱动端轴承为 6205-2RS JEM SKF 深沟球轴承,采用电火花加工技术在轴承上布置单点故障,通过安装在电动机驱动端轴承座上方的加速度传感器采集轴承的振动加速度信号。

3.3.1 多尺度排列熵参数优化

选取电动机转速为 1 750 r/min 时轴承正常状态下的振动信号数据,分别利用遗传算法与微粒群算法优化多尺度排列熵的参数,优化结果见表 3-5,微粒群算法全局最优适应度随进化代数的变化曲线如图 3-13 所示。

表 3-5 多尺度排列熵参数优化结果

优化方法	MPE 参数			
	时间序列长度 N	嵌入维数 m	延迟时间 τ	尺度因子 s
遗传算法	1 654	7	2	14
微粒群算法	1 820	6	1	12

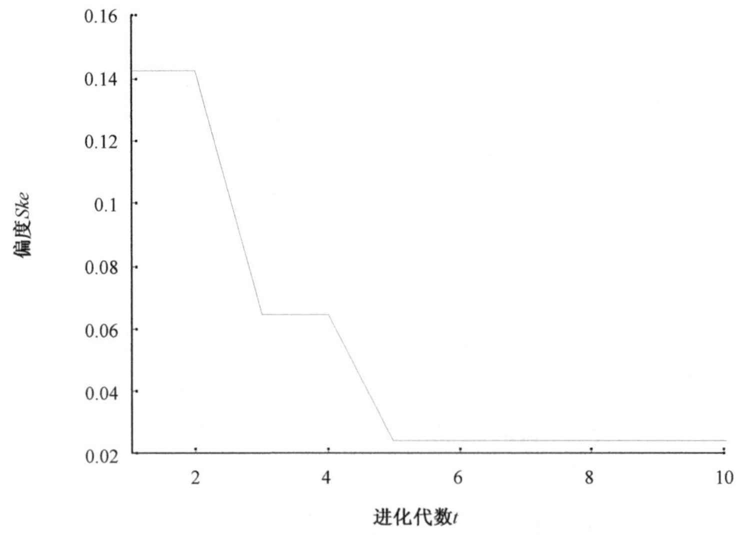

图 3-13 全局最优适应度随进化代数的变化

为确定多尺度排列熵的最优参数组合,用模糊 C 均值聚类的聚类效果对 2 组参数进行对比,聚类效果可用分类系数 F 和平均模糊熵 H 进行检验,分别为

$$F = \frac{1}{n}\sum_{i=1}^{c}\sum_{j=1}^{n}u_{ij}^{2} \tag{3-18}$$

$$H = -\frac{1}{n}\sum_{i=1}^{c}\sum_{j=1}^{n}u_{ij}\ln u_{ij} \tag{3-19}$$

其中,c 为聚类中心个数;n 为样本个数;u_{ij} 为第 j 个样本属于第 i 类的隶属度。分类系数越接近 1,聚类效果越好;平均模糊熵越接近 0,聚类效果越好。

分别设置 2 组优化参数为多尺度排列熵的参数,选取轴承 4 种状态的振动信号数据各 20 组,分别计算这些信号的多尺度排列熵值,并将其作为特征向量输入模糊 C 均值聚类分类器中,根据式(3-18)和式(3-19)分别计算 2 组优化参数的分类系数和平均模糊熵。同时,为验证参数优化的有效性,选取文献[163]中参数以及一组经验参数($N=2\ 048, m=5, \tau=3, s=15$)对其聚类效果进行检验,结果见表 3-6。

表 3-6　优化参数聚类效果检验

检验指标	遗传算法优化参数	微粒群算法优化参数	文献[163]中参数	经验参数
分类系数	0.897 2	0.918 6	0.831 2	0.754 1
平均模糊熵	0.287 9	0.203 0	0.305 3	0.332 9

由表 3-6 可知:与文献[163]及经验参数的结果相比,2 种优化参数的分类系数较大、平均模糊熵均较小,说优化参数的聚类效果较好。经微粒群算法优化后,其分类系数更接近 1,且平均模糊熵更接近 0,所以,经微粒群算法优化后的参数聚类效果更好,故设置多尺度排列熵的参数为经微粒群算法优化后的参数。

3.3.2　同负荷下不同类型故障的诊断

选取电动机负荷 2HP,即电动机转速为 1 750 r/min 时轴承正常、内圈故障、外圈故障和钢球故障 4 种状态下的振动信号进行分析,4 种状态振动信号的局部时域图如图 3-14 所示。采样频率为 12 kHz,每种状态取 40 组数据,每组数据长度均为 1 820。前 20 组数据作为已知故障样本,将其多尺度排列熵值作为特征向量输入模糊 C 均值聚类分类器,求取已知故障的标准聚类中心,后 20 组数据作为待识别样本,采用欧几里德贴近度的择近原则对滚动轴承各种故障进行识别。

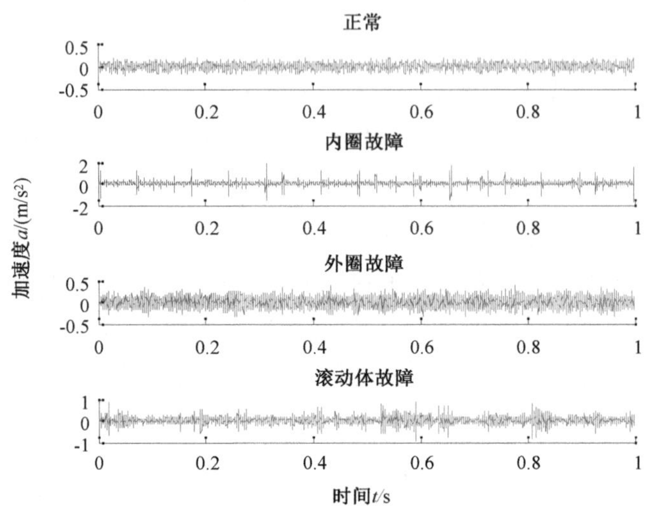

图 3-14　滚动轴承不同状态下振动信号的时域图

将待识别样本 A 与标准聚类中心 O 组成故障诊断集 $B=\{b_1,b_2,\cdots,b_z\}$，z 为 B 中样本个数，则 A 与 O 的欧几里德贴近度 $\delta(A,O)$ 为

$$\delta(A,O)=1-\frac{1}{\sqrt{z}}\sqrt{\sum_{i=1}^{z}[A(b_i)-O(b_i)]^2} \tag{3-20}$$

其中，$A(b_i)$、$O(b_i)$ 分别为 A 与 O 的隶属度函数。

当轴承发生故障时，其振动特性发生改变，主要体现在幅值和周期特性上，但时域图所能获取的信息量较少。对轴承 4 种状态的振动信号进行多尺度排列熵分析，计算得到多尺度排列熵如图 3-15 所示。从图 3-15 可看出，不同状态的滚动轴承多尺度排列熵值不同，这是因为当滚动轴承发生故障时，振动信号的随机性发生变化，使排列熵值发生变化。在同一状态下，随尺度增大，粗粒化序列的随机性和复杂性降低，排列熵值的变化幅度减小。

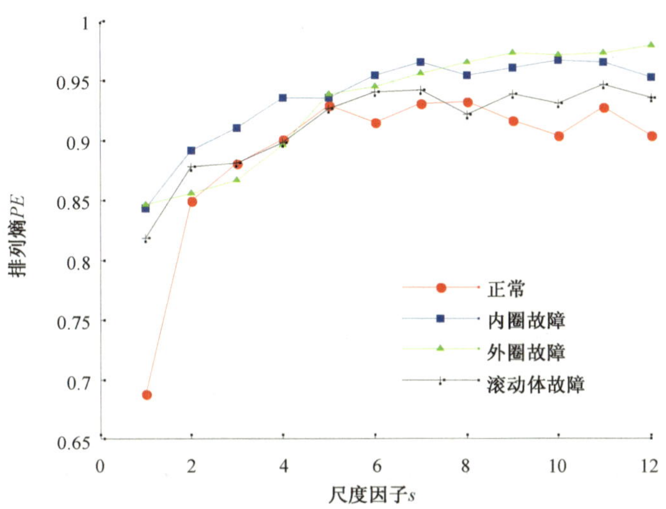

图 3-15　滚动轴承不同状态下振动信号的多尺度排列熵

然而,图 3-15 仍不能明显区分滚动轴承的 4 种状态,故提出以参数优化多尺度排列熵值作为特征参数,结合模糊 C 均值聚类算法对滚动轴承故障进行识别分类。计算滚动轴承 4 种状态各 40 组数据样本的多尺度排列熵值,并选取每种状态前 20 组数据的多尺度排列熵值进行训练。最后,选取表征振动信号主要信息的前 5 个尺度的排列熵值作为特征向量,用模糊 C 均值算法对其进行聚类分析,结果如图 3-16 所示。

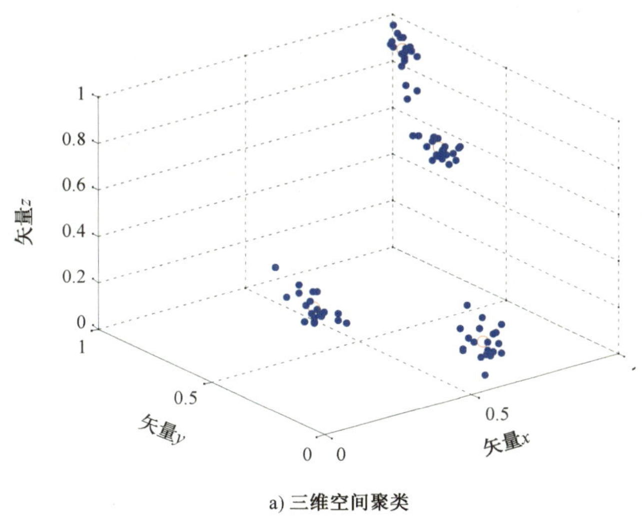

a) 三维空间聚类

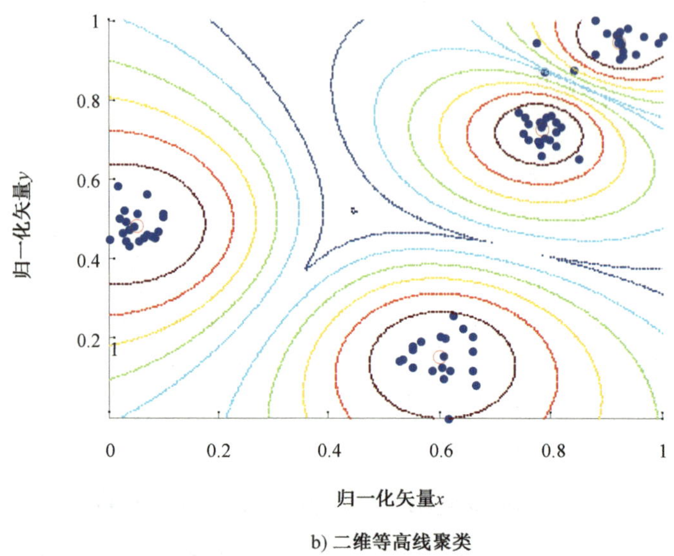

b) 二维等高线聚类

图 3-16 轴承不同状态下振动信号的聚类分析结果

从图 3-16 可以看出,80 组样本数据经过模糊 C 均值聚类算法处理后,按照故障类型分布在 4 个聚类中心的周围,说明基于参数优化多尺度排列熵和模糊 C 均值聚类算法的故障诊断方法具有很好的分类识别效果。取分类得到的 4 个聚类中心为标准聚类中心,通过计算后 20 组待识别样本的多尺度排列熵值与标准聚类中心的欧几里德贴近度判断滚动轴承故障类型。

为进一步验证上述方法的有效性,分别以单一尺度排列熵和样本熵进行对比分析。依据同样的原理,通过分别计算待识别样本的排列熵、样本熵与标准聚类中心的欧几里德贴近度判断轴承故障类型。3 种方法的诊断结果见表 3-7。由表 3-7 可知:基于参数优化多尺度排列熵与模糊 C 均值聚类的滚动轴承故障识别率为 100%,高于其他 2 种方法的故障识别率,且多尺度排列熵的分类系数、平均模糊熵均优于单一尺度排列熵和样本熵。

表 3-7　不同类型故障诊断结果

诊断方法	故障识别率	分类系数	平均模糊熵
MPE 与 FCM	100%	0.918 6	0.203 0
排列熵与 FCM	95%	0.907 4	0.238 0
样本熵与 FCM	93.75%	0.904 0	0.279 0

3.3.3　同负荷下不同损伤程度故障诊断

选取电动机负荷 2HP，即电动机转速为 1 750 r/min 时轴承正常、内圈轻微损伤和内圈严重损伤 3 种故障类型进行验证，其中，轻微损伤直径为 0.177 8 mm，严重损伤直径为 0.533 4 mm。

同样，对不同损伤程度的轴承振动信号分别选取 40 组数据，数据长度均为 1 820，其多尺度排列熵和聚类分析结果分别如图 3-17、图 3-18 所示。

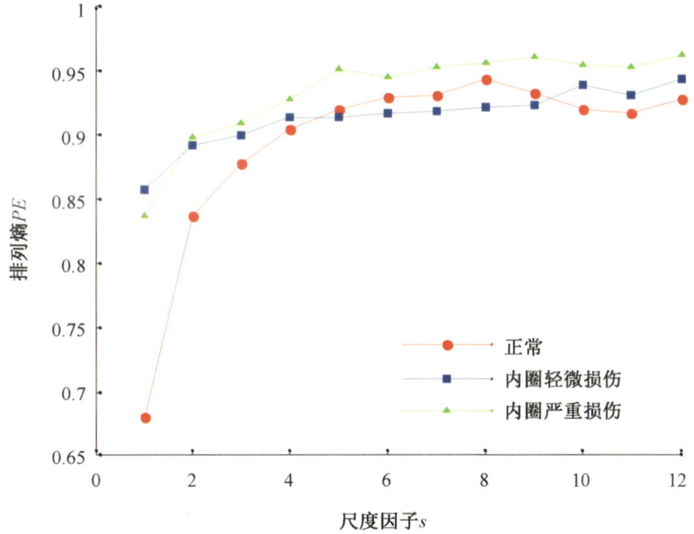

图 3-17　不同损伤程度多尺度排列熵

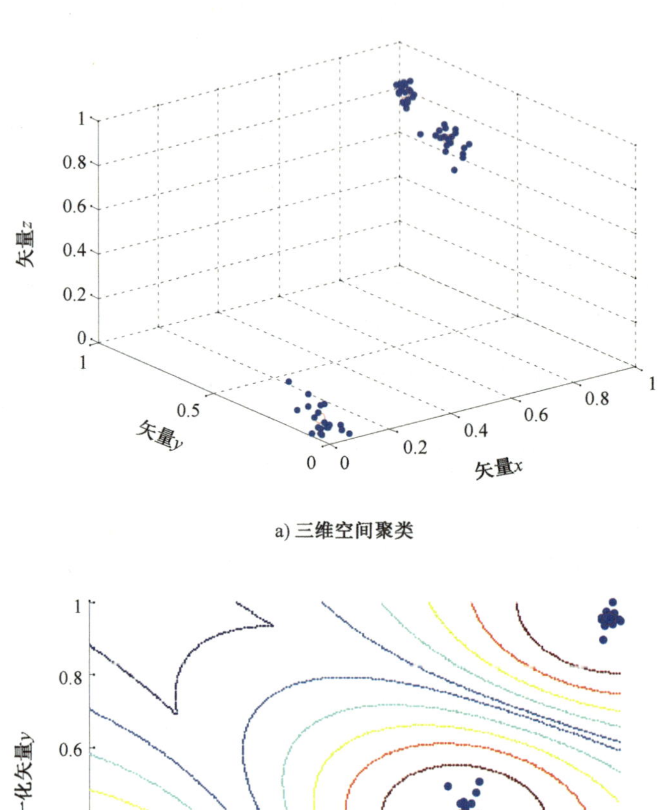

a) 三维空间聚类

b) 二维等高线聚类

图 3-18 不同损伤程度轴承振动信号的聚类分析结果

从图 3-17 可以看出,轴承正常与内圈严重损伤故障区分较为明显,轴承正常与内圈轻微损伤、内圈严重损伤与内圈轻微损伤则不能明显区分出来。而从图 3-18 可以看出,经模糊 C 均值聚类分类后,轴承不同损伤程度的故障被有效区分。同样对上述 3 种方法进行对比分析,结果见表 3-8。由表 3-8 可知:在不同损伤程度的轴承故障诊断中,基于参数优化多尺度排列熵与模糊 C 均值聚类方法的故障识别率仍优于其他 2 种方法,而分类系数与平均模糊熵亦可证明该方法的优越性。

表 3-8　不同损伤程度故障诊断结果

诊断方法	故障识别率	分类系数	平均模糊熵
MPE 与 FCM	98.3%	0.906 8	0.204 5
排列熵与 FCM	96.6%	0.898 4	0.240 7
样本熵与 FCM	95%	0.895 1	0.281 5

3.3.4　不同负荷下故障诊断

在故障诊断的实际应用中，获得所有工况下的不同故障类型数据比较困难，因而利用已有工况故障数据识别其他工况的故障类型具有一定的实际意义。为此，利用电动机负荷为 2HP 时的标准聚类中心，对其他负荷工况进行故障诊断，进而评估该方法的适用性。

从负荷 1HP 工况下抽取 30 组不同类型故障数据作为待识别样本，通过计算与标准聚类中心的欧几里德贴近度进行故障识别，结果见表 3-9。

表 3-9　负荷 1HP 工况下不同故障类型诊断结果

诊断方法	样本状态	诊断结果				故障识别率
		正常	内圈故障	外圈故障	钢球故障	
MPE 与 FCM	正常	30	0	0	0	97.5%
	内圈故障	0	28	0	2	
	外圈故障	0	0	30	0	
	钢球故障	0	1	0	29	
排列熵与 FCM	正常	30	0	0	0	94.1%
	内圈故障	0	28	0	2	
	外圈故障	0	2	28	0	
	钢球故障	0	3	0	27	
样本熵与 FCM	正常	30	0	0	0	90.8%
	内圈故障	0	26	2	2	
	外圈故障	0	4	26	0	
	钢球故障	0	3	0	27	

由表 3-9 可知，参数优化多尺度排列熵与模糊 C 均值聚类结合的诊断结果中

只有内圈故障与滚动体故障被错分,而其他 2 种方法除内圈故障与滚动体故障容易被错分外,外圈故障也易被诊断为内圈故障。这是由于变负荷下轴承故障信号发生明显变化,导致变负荷下的故障识别率降低。而多尺度排列熵在引入尺度因子后,能够从不同尺度上更好地反映轴承振动信号的动力学突变,丰富故障特征信息,在变负荷工况下仍可获得较高的故障识别率,说明其具有很好的适用性。

针对多尺度排列熵算法的最佳参数确定问题,充分考虑参数之间的交互影响,以多尺度排列熵偏度作为适应度函数,基于遗传算法和微粒群算法综合求解优化多尺度排列熵的参数;进而利用参数优化多尺度排列熵对滚动轴承振动信号进行特征提取,与未优化参数的对比分析证明,参数优化多尺度排列熵进行特征提取具有更好的分类识别效果。

将参数优化多尺度排列熵与模糊 C 均值聚类相结合,应用于同负荷与变负荷工况下滚动轴承的故障诊断,通过与单一尺度排列熵、样本熵结合模糊 C 均值聚类的方法进行对比,结果表明:上述方法在同负荷与变负荷工况下的故障识别率均高于后两者,分类识别效果较好,为实际应用中故障数据不完整情况下的故障诊断提供了一条有效途径。

3.4　液压系统可靠性优化

产品的可靠性是指:产品在规定的条件下、在规定的时间内完成规定的功能的能力。液压传动作为一种重要的传动方式,其可靠性对整机的性能影响较大。液压系统传动封闭,发生故障不易检查和排除,泄漏、油液压缩性、油温等诸多因素都可能导致液压系统的性能发生变化。液压系统的可靠性优化设计研究系统可靠性和可靠性费用之间的关系。设计可以以系统可靠度最高为目标函数,体积、费用等构成约束条件。或者以体积、费用等最少为目标函数,系统可靠度构成约束条件。

以分体式巷道运输车为例,进行可靠性优化设计算例分析[117]。分体式巷道运输车是用于在巷道内进行运输的液压自走式设备,该运输车由两部分组成,分别为提供动力源的液压动力源车和执行运输工作的液压动力运输车。分体式巷道运输车的液压系统由液压源、行走系统和工作系统三部分组成,针对液压动力运输车的液压工作系统,运用 2.6 节提出的多阶段自适应蝙蝠-蚁群混合群智能算法(MF-BA-MAPACO)对其进行可靠性优化的对比测试[120]。

3.4.1　工作液压系统 T-S 故障树

在可靠性优化之前,先对液压工作系统进行分析,根据其结构利用 T-S 故障树进行可靠性建模。T-S 故障树是一种新型故障树算法,通过 T-S 规则表和 T-S 逻辑门,可以逼近现实系统[164]。T-S 故障树包括基本事件、中间事件和顶事件三个部分,在该液压系统中,基本事件指的是会引起故障的各个基本元件,中间事件指的是该液压系统的转向、支腿和悬挂系统等液压工作分系统,而顶事件指的是整个液压工作系统,依据此规则建造的液压工作系统 T-S 故障树如图 3-19 所示,$G_1 \sim G_4$ 为 T-S 门。表 3-10 为每个基本事件所对应的液压元件。

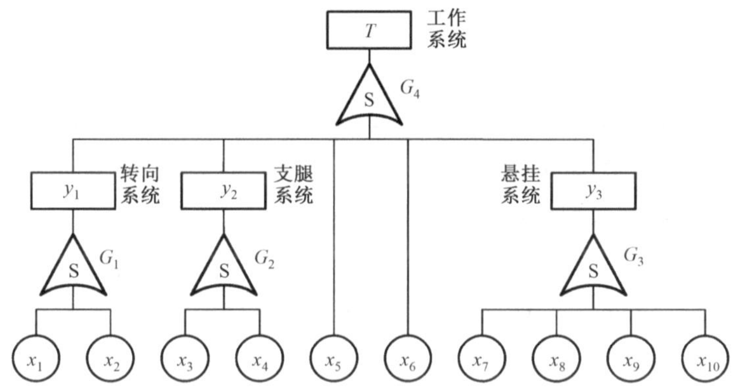

图 3-19　液压工作系统 T-S 故障树

表 3-10　液压工作系统各元件名称

基本事件	元件名称	基本事件	元件名称
x_1	斜行油缸	x_6	多路阀
x_2	直行油缸	x_7	球阀
x_3	支腿油缸	x_8	管路防爆阀
x_4	液压锁	x_9	悬挂油缸
x_5	隔爆电磁换向阀	x_{10}	液控单向阀

用(0, 0.5, 1)分别代表基本事件 $x_1 \sim x_4$、x_6 和中间事件 y_1、y_2 以及顶事件 T 的无故障、轻度故障和完全故障三种故障状态,而其他事件故障状态用(0,1)表示。同时,构建 T-S 门 $G_1 \sim G_4$ 的规则表,以 T-S 门 G_1 为例,其规则表见表 3-11。

表 3-11　T-S 门 G_1 规则表

规则	x_1	x_2	y_1		
			0	0.5	1
1	0	0	1	0	0
2	0	0.5	0.2	0.3	0.5
3	0	1	0	0	1
4	0.5	0	0.2	0.4	0.4
5	0.5	0.5	0.1	0.3	0.6
6	0.5	1	0	0	1
7	1	0	0	0	1
8	1	0.5	0	0	1
9	1	1	0	0	1

3.4.2　可靠性优化对比测试

对该系统进行的可靠性优化是实现在满足系统可靠性要求的前提下使维护可靠性所需成本尽量低。基于所建造的 T-S 故障树,以最少的系统可靠性费用为目标,通过系统故障率进行约束,建立可靠性优化模型如式(3-21)所示:

$$\min C=\sum_{i=1}^{10}\alpha_i\left[\frac{1}{\lambda(x_i)}\right]^{\beta_i}$$
$$\text{s.t. }\lambda(T_q)=\sum_{l=1}^{108}\lambda_0^l P^l(T_q)\leqslant\lambda_s \tag{3-21}$$

其中,$\lambda(T_q)$ 为故障状态 T_q 下的系统故障率;$\lambda(x_i)$ 为基本事件 x_i 的故障率;$\lambda(y_i)=\prod_{a_i=2}^{s_i}\lambda(y_i^{a_i})$,a_i 为故障状态序号,s_i 为总故障状态数,当 $s_i=3$ 时,$y_i^1=0$,$y_i^2=0.5$,$y_i^3=1$;当 $s_i=2$ 时,$y_i^1=0$,$y_i^2=1$。$\alpha_1=6.21\times10^{-5}$,$\alpha_2=5.45\times10^{-5}$,$\alpha_3=6.28\times10^{-5}$,$\alpha_4=8.57\times10^{-5}$,$\alpha_5=9.68\times10^{-5}$,$\alpha_6=5.68\times10^{-5}$,$\alpha_7=4.45\times10^{-5}$,$\alpha_8=5.79\times10^{-5}$,$\alpha_9=64.03\times10^{-5}$,$\alpha_{10}=1.72\times10^{-5}$,$\beta_i=1.5(i=1,2,\cdots,10)$;$\lambda_s$ 为系统允许最大故障率 $\lambda_s=0.000\ 2$;λ_0^l 为执行 T-S 规则 l 的阈值,$\lambda_0^l=\lambda(x_5^{a_5})\times\lambda(x_6^{a_6})\times\prod_{i=1}^{3}\lambda(y_i^{a_i})$。

由于对该系统建立的可靠性优化模型为有约束问题,为了便于算法进行处理,通过引入罚函数将这种约束问题转化为无约束问题。具体措施是,在算法求得的解不在约束范围内时，在可靠性费用上添加一个惩罚项 C_{max}，以此来增加该解的可靠性费用，使得这种不满足约束条件的解能够被淘汰，将上述措施用式(3-22)表示出来：

$$fitness = \begin{cases} C & \lambda(T_q) \leqslant \lambda_s \\ C + C_{max} & \text{其他} \end{cases} \tag{3-22}$$

依据上述对液压工作系统可靠性优化模型的搭建，将所提 MAPACO、MFBA、MFBA-MAPACO 算法与文献[117]中的 ACO、ACO-PSO、PSO、PSO-ACO 4 种算法进行对比测试，为保证对比的公平性，所提算法参数设置尽可能与文献[117]中算法的参数保持一致，种群维数为 10，最大迭代次数 $t_{max}=200$，分别比较种群规模 $N=6$ 和 $N=20$ 的优化结果。文献[117]中 4 种算法和所提 MAPACO、MFBA、MFBA-MAPACO 算法可靠性费用对比见表 3-12。

表 3-12　可靠性费用对比

$N=6$	优化结果	$N=20$	优化结果
ACO[117]	19 400	ACO[117]	16 384
ACO-PSO[117]	6 355	ACO-PSO[117]	4 468
PSO[117]	7 316	PSO[117]	2 549
PSO-ACO[117]	4 080	PSO-ACO[117]	1 971
MAPACO	18 712	MAPACO	15 754
MFBA	3 622	MFBA	2 520
MFBA-MAPACO	1 454	MFBA-MAPACO	1 317

以种群规模 $N=6$ 时的一次优化结果为例，给出文献[117]中所提到的 4 种算法和 MAPACO、MFBA、MFBA-MAPACO 算法的液压系统所有元件的故障率 $\lambda(x_i)$、系统轻度故障时故障率 $\lambda(T_2)$、系统完全故障时故障率 $\lambda(T_3)$ 和系统最低的可靠性费用 C 数据见表 3-13。

表 3-13　7 种算法优化结果的详细对比($N=6$)

优化参数	ACO[117]	ACO-PSO[117]	PSO[117]	PSO-ACO[117]	MAPACO	MFBA	MFBA-MAPACO
$\lambda(x_1)$	7.06E-06	1.65E-05	9.99E-06	1.44E-05	8.75E-06	2.34E-05	4.18E-05
$\lambda(x_2)$	3.85E-06	1.02E-05	1.18E-05	1.53E-05	9.32E-06	1.79E-05	4.18E-05
$\lambda(x_3)$	7.27E-06	1.91E-05	1.36E-05	1.87E-05	8.50E-06	2.43E-05	4.01E-05

续表 3-13

优化参数	ACO[117]	ACO-PSO[117]	PSO[117]	PSO-ACO[117]	MAPACO	MFBA	MFBA-MAPACO
$\lambda(x_4)$	9.97E-06	1.27E-05	8.59E-05	1.23E-05	8.16E-06	1.82E-05	3.21E-05
$\lambda(x_5)$	9.98E-06	1.32E-05	3.09E-05	1.39E-05	6.42E-06	2.43E-05	5.05E-05
$\lambda(x_6)$	8.22E-06	2.08E-05	1.12E-05	3.69E-05	9.87E-06	2.64E-05	4.31E-05
$\lambda(x_7)$	6.69E-06	1.70E-05	1.41E-05	1.94E-05	5.91E-06	2.37E-05	4.32E-05
$\lambda(x_8)$	7.89E-06	1.61E-05	1.94E-05	2.22E-05	8.22E-06	2.34E-05	4.19E-05
$\lambda(x_9)$	8.78E-06	1.76E-05	2.26E-05	2.81E-05	9.38E-06	2.21E-05	3.76E-05
$\lambda(x_{10})$	2.69E-06	1.34E-05	5.16E-06	2.36E-05	8.55E-06	1.68E-05	3.33E-05
C	19 400	6 355	7 316	4 080	18 712	3 622	**1 454**
$\lambda(T_2)$	2.17E-05	4.36E-05	4.00E-05	5.91E-05	2.54E-05	6.71E-05	1.18E-04
$\lambda(T_3)$	6.94E-05	1.39E-04	1.31E-04	1.81E-04	8.16E-05	2.12E-04	3.92E-04
运行时间/s	7.48	9.12	0.75	0.87	8.15	0.77	2.45

由表 3-12 和表 3-13 可知,无论是 6 个种群还是 20 个种群,在满足故障率约束的前提下,MFBA-MAPACO 算法的可靠性费用最低、效果最好,所提 MFBA 算法次之,优于文献[117]中的其他四种算法,所提 MAPACO 算法优于文献[117]中的 ACO 算法。作出 7 种算法在该优化中的可靠性费用曲线图,如图 3-20 所示,能更直观地展示 MFBA-MAPACO 算法的优化能力,可以看出,MFBA-MAPACO 算法能有效跳出局部收敛,更接近于全局最优解。

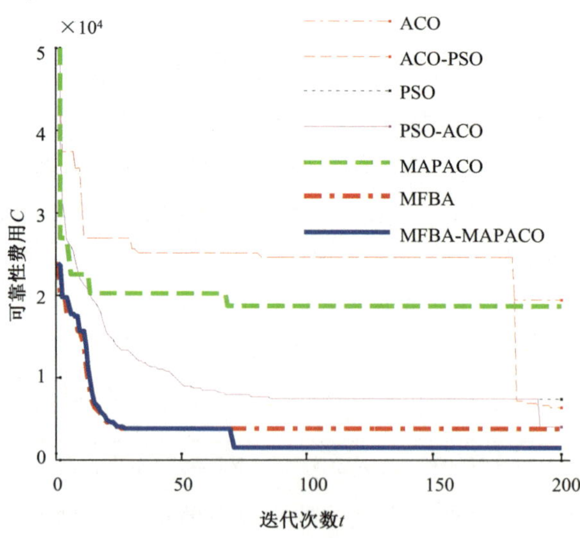

图 3-20 可靠性优化曲线

3.5　液压阀块加工车间调度优化

生产调度本质上属于复杂的优化问题,具有大规模、非线性、强约束、多极值、多目标等复杂性。高效的优化技术与调度方法的研究与应用,是提高生产效率和经济效益的核心环节。本节利用多作用力微粒群算法进行液压阀块加工车间的调度优化问题[78]。

3.5.1　液压阀块加工工艺

液压阀块用于安装各种液压元件并实现各元件油路连通。液压阀块加工车间用于加工各种液压阀块。动力站广泛应用于生产加工和制造业中,例如,冶金、矿山、船厂等重工业设备,垃圾回收及处理设备,机床、压机、水利工程、纸浆和造纸机械等。为整套设备提供动力源的液压动力站能够安全平稳地工作,是这些设备安全、可靠运行的基础,因而对动力站中液压阀块的加工质量和工艺控制有较高的要求。

该加工车间有锯床 1 台、铣床 3 台(含数控铣床 1 台)、钻床 4 台(含数控钻床 1 台)、去刺机 2 台、打码机 2 台。为实现上述液压阀块的加工工艺性要求,制订了其特有的液压阀块加工工艺流程,每个阀块均需经过 6 道工序加工——落料、粗铣、钻、去毛刺、精铣、打钢印,如图 3-21 所示。

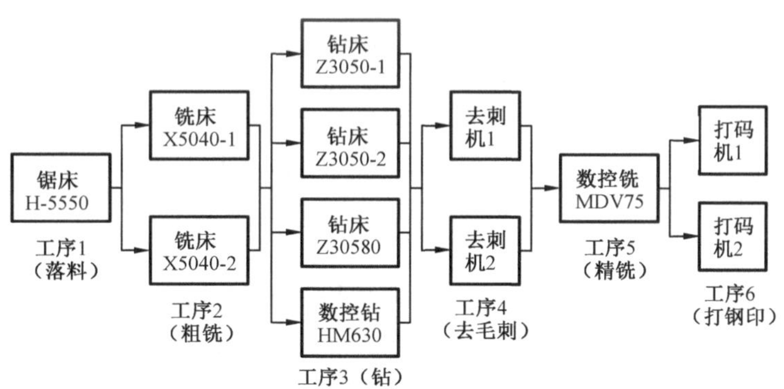

图 3-21　液压阀块加工工艺流程

该车间还设有专门的液压阀块装配区域,从而形成了液压阀块从加工到装配的生产流水线。该车间加工的液压阀块最长达 2 500 mm,最重达 5 t,并能够保证液压阀块所需的加工工艺要求。

3.5.2 调度优化模型

该液压阀块加工车间调度问题具有流水作业特征,同时工序 2、3、4、6 上存在并行机加工的特点,由此可见,该问题属于混合流水车间调度问题(Hybrid Flowshop Scheduling Problem, HFSP)。HFSP 可描述为:n_M 个工件要经过 s 道工序以完成加工,每道工序至少有一台机器进行加工且至少有一道工序存在并行机器,同一道工序上各机器的处理性能可相同也可不同,各工件的每道工序可在任意一台并行的机器上加工。已知工件在各工序相应机器上的处理时间,要求确定所有工件的排序以及每道工序上机器的分配情况,使得调度指标(这里取为最大完成时间)最小。

结合现场工艺作如下假设:工件一旦开始加工便不可中断;一台机器同一时刻只能加工一个阀块;一个阀块同一时刻只能在一台机器上加工;在并行加工工艺阶段,阀块可在并行机器的任意一台机器上加工。考虑各机器的调机时间,以完成 n_M 个阀块加工的最大完成时间最小为目标,给出该阀块加工车间调度优化模型如下:

$$\min t_{\max}^{C} = \max\{t_1^C, t_2^C, \cdots, t_{n_M}^C\} \tag{3-23}$$

$$\text{s.t.} \sum_{v=1}^{n_M} x_{v,l} = 1 \quad l = 1,2,\cdots,n_M \tag{3-24}$$

$$\sum_{l=1}^{n_M} x_{v,l} = 1 \quad v = 1,2,\cdots,n_M \tag{3-25}$$

$$\sum_{k=1}^{m_u} y_{v,u,k} = 1 \quad v = 1,2,\cdots,n_M; u = 1,2,\cdots,s \tag{3-26}$$

$$t_{v,u,k}^{E} \leqslant t_{v,u+1,k'}^{B}$$
$$v = 1,2,\cdots,n_M; u = 1,2,\cdots,s-1;$$
$$k = 1,2,\cdots,m_u; k' = 1,2,\cdots,m_{u+1} \tag{3-27}$$

$$\sum_{v=1}^{n_M} x_{v,l} t_{v,1,k}^{B} \leqslant \sum_{v=1}^{n_M} x_{v,l+1} t_{v,1,k}^{B}$$
$$v = 1,2,\cdots,n_M; l = 1,2,\cdots,n_M-1; k = 1,2,\cdots,m_1 \tag{3-28}$$

$$\sum_{v=1}^{n_M} x_{v,l_1} y_{v,u,k} t_{v,u,k}^{E} \leqslant \sum_{v=1}^{n_M} x_{v,l_2} y_{v,u,k} t_{v,u,k'}^{B} + \left(1 - \sum_{v=1}^{n_M} x_{v,l_2} y_{v,u,k}\right) L$$

$$l_1, l_2 = 1,2,\cdots,n_M; l_1 \leqslant l_2;$$

$$u = 1,2,\cdots,s; k,k' = 1,2,\cdots,m_u \tag{3-29}$$

其中

$$x_{v,l} = \begin{cases} 1 & \text{若阀块 } v \text{ 被安排在第 } l \text{ 个位置} \\ 0 & \text{否则} \end{cases} \tag{3-30}$$

$$y_{v,u,k} = \begin{cases} 1 & \text{若阀块 } v \text{ 的工序 } u \text{ 在机器 } k \text{ 上} \\ 0 & \text{否则} \end{cases} \tag{3-31}$$

$$t_{vuk}^{E} = t_{vuk}^{B} + t_{vuk}^{H} \tag{3-32}$$

$$t_{vuk}^{H} = t_{vuk}^{D} + t_{vuk}^{P} \tag{3-33}$$

式中

t_v^C——阀块 v 的加工完成时间；

n_M——阀块总数；

t_{max}^C——n_M 个阀块加工的最大完成时间；

$x_{v,l}$、y_{vuk}——取值为 1 或 0 的常数；

m_u——阶段 u 的机器数；

s——阶段总数；

t_{vuk}^B——阀块 v 第 u 道工序在第 k 台机器上的开始加工时刻；

t_{vuk}^H——阀块 v 第 u 道工序在第 k 台机器上的处理时间；

t_{vuk}^E——阀块 v 第 u 道工序在第 k 台机器上的完成加工时刻；

L——足够大的常数；

t_{vuk}^D——阀块 v 第 u 道工序在第 k 台机器上的调机时间；

t_{vuk}^P——阀块 v 第 u 道工序在第 k 台机器上的加工时间。

上述调度优化模型中，式(3-24)和式(3-25)确保了每个优先级位置与阀块间一一对应；式(3-26)使得对于每道工序每个阀块只能在一台机器上加工；式(3-27)表示了同一阀块不同工序间的先后制约关系；式(3-28)表示第一道工序上调度排列中排位越前的阀块开始加工时间越早；式(3-29)实现了同道工序分配在同一机器上的阀块排位靠后的必须等靠前的加工完成后才可进行加工；当处于不同位置的阀块不在同道工序的同一机器上加工时，L 数值较大以保证不等式恒成立。

3.5.3 液压阀块加工车间调度 MFPSO 优化

采用多作用力微粒群(MFPSO)算法求解液压阀块加工车间调度问题[78]。首先,利用矩阵变量来处理约束条件,对微粒进行编码;其次,利用多作用力微粒群算法不断地搜索并更新全局最优解;最后,对微粒进行解码,求得最优的调度方案。

编码,即微粒位置的表示方式,本节利用矩阵来对微粒进行编码,用列表示液压阀块,用行表示工序,利用矩阵的元素来表示机器,用矩阵元素的位置关系来表示工序间的约束关系。为了扩大微粒的搜索空间以求得最优解,采取随机产生实数的编码方法,以均等的机会选择机器。由于微粒在速度-位置的迭代过程中是连续的,为避免产生非法解,本节采取了一种特殊的解码方式,得到选择机器矩阵,然后利用液压阀块在各机器上加工时间的数据表生成加工时间矩阵,按照一定的加工排序规则,得到完成时间矩阵。利用微粒群算法以最大完成时间为适应度函数,进行迭代寻优最终产生使得该流水线加工完成时间最短的调度方案及其甘特图。

3.5.3.1 问题描述

现有 8 个液压阀块要加工,每个阀块均需经过 6 道工序加工,分别为:落料、粗铣、钻、去毛刺、精铣、打钢印,各机器按照工序顺序依次编号,液压阀块在各机器上的加工时间见表 3-14。

表 3-14 液压阀块在各机器上的加工时间(min)

阀块	工序 1	工序 2		工序 3				工序 4		工序 5	工序 6	
	机器 1	机器 2	机器 3	机器 4	机器 5	机器 6	机器 7	机器 8	机器 9	机器 10	机器 11	机器 12
1	17	58	58	49	49	55	39	21	27	19	13	19
2	16	67	67	61	61	67	55	10	16	19	13	19
3	18	96	96	50	50	60	45	22	32	10	14	14
4	16	84	84	63	63	70	53	11	18	19	13	11
5	17	72	72	50	50	57	41	22	30	19	13	11
6	16	48	48	76	76	77	70	19	21	31	13	15
7	20	72	72	103	103	105	90	25	33	64	19	16
8	15	72	72	65	65	67	56	33	40	18	11	19

采用 MFPSO 算法求解，以合理地分配每道工序的机器、确定同一台机器上各阀块加工的顺序，寻求完成所有阀块加工的最大完成时间最小的最优调度方案。

3.5.3.2　编码矩阵 $\boldsymbol{A}$

假设要加工 n_{M} 个阀块，每个阀块都要依次经过 s 道加工工序，每道工序的机器数为 $m_u(u=1,\ 2,\ \cdots,\ s)$，对所有机器按照加工工序依次排序编号，可构造一个 $s\times n_{\mathrm{M}}$ 维的编码矩阵 $\boldsymbol{A}$：

$$\boldsymbol{A}=\begin{pmatrix} a_{11} & a_{12} & \cdots & a_{1n_{\mathrm{M}}} \\ a_{21} & a_{22} & \cdots & a_{2n_{\mathrm{M}}} \\ \vdots & \vdots & & \vdots \\ a_{s1} & a_{s2} & \cdots & a_{sn_{\mathrm{M}}} \end{pmatrix} \tag{3-34}$$

其中，编码矩阵 $\boldsymbol{A}$ 中第 1 行的元素 a_{1v} 为区间 $(1,1+m_1)$ 上的一个实数，表示阀块 v 的第 1 道工序在第 $\mathrm{int}(a_{1v})$ 台机器上加工，其中，函数 $\mathrm{int}(\cdot)$ 为向下取整函数；第 $u(u>1)$ 行的元素 a_{uv} 为区间 $\left(1+\sum_{h=1}^{u-1}m_h,\ 1+\sum_{h=1}^{u}m_h\right)$ 上的一个实数，表示阀块 v 的第 u 道工序在第 $\mathrm{int}(a_{uv})$ 台机器上加工。

根据上述编码方法对微粒进行编码：每个微粒由 s 个小段组成，每个小段包括 n_{M} 个数值，每个微粒的长度为 $s\times n_{\mathrm{M}}$，从而形成了 n_{M} 个阀块完成 s 道工序的一个调度方案。以元素 a_{uv} 为自变量，微粒 i 的位置矢量 $\boldsymbol{X}_i$ 可表示为

$$\begin{aligned}\boldsymbol{X}_i&=[x_1,\ x_2,\ \cdots,\ x_{n_{\mathrm{M}}},\ x_{n_{\mathrm{M}}+1},\ x_{n_{\mathrm{M}}+2},\ \cdots,\ x_{2n_{\mathrm{M}}},\ \cdots,\ x_{(s-1)n_{\mathrm{M}}+1},\ x_{(s-1)n_{\mathrm{M}}+2},\ \cdots,\ x_{sn_{\mathrm{M}}}]\\&=[a_{11},\ a_{12},\ \cdots,\ a_{1n_{\mathrm{M}}},\ a_{21},\ a_{22},\ \cdots,\ a_{2n_{\mathrm{M}}},\ \cdots,\ a_{s1},\ a_{s2},\ \cdots,\ a_{sn_{\mathrm{M}}}]\end{aligned}$$

它对应着一个编码矩阵 $\boldsymbol{A}$，代表了一个可行的调度方案。

采用图示的方式描述微粒编码中自变量 a_{uv} 与位置矢量 $\boldsymbol{X}_i$ 的元素 x_i 之间的对应关系，如图 3-22 所示。

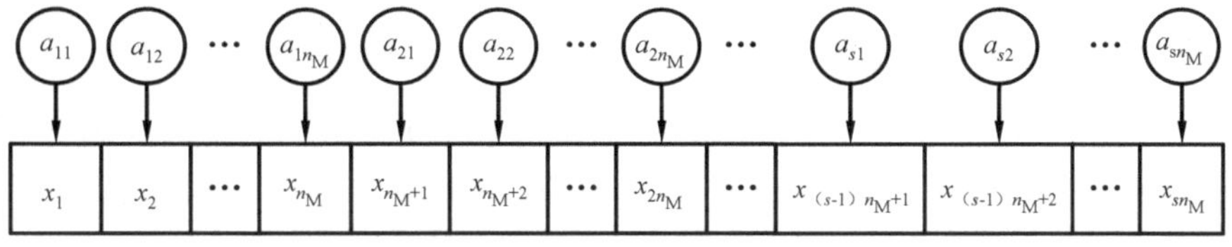

图 3-22　微粒编码图示

MFPSO 算法参数设置如下：种群规模 $N=20$，函数维数 $n=8\times6=48$，最大迭代次数 $t_{\max}=500$，切换因子 $t_1=50$、$t_2=350$，惯性权重 $w_{\min}=0.4$、$w_{\max}=0.9$，加速常数 $c_j=c_g=1.49$。微粒不断地搜索并更新全局最优解，则经过 500 代搜索后得到全局最优解，其编码矩阵 $\boldsymbol{A}$ 如下：

$$
\boldsymbol{A}=\begin{pmatrix}
1.8 & 1.4 & 1.9 & 1.6 & 1.7 & 1.0 & 1.5 & 1.2\\
2.4 & 2.6 & 3.1 & 3.5 & 2.9 & 3.7 & 3.8 & 2.1\\
5.7 & 6.1 & 7.2 & 5.0 & 4.6 & 6.4 & 4.5 & 5.9\\
8.5 & 9.1 & 8.2 & 9.7 & 9.9 & 8.6 & 8.9 & 9.4\\
10.1 & 10.2 & 10.8 & 10.5 & 10.7 & 10.3 & 10.9 & 10.0\\
11.0 & 12.1 & 12.7 & 11.3 & 11.6 & 11.8 & 12.3 & 11.9
\end{pmatrix} \tag{3-35}
$$

有编码必有解码，要得到最优的调度方案，需对上述编码矩阵 $\boldsymbol{A}$ 进行解码，解码过程分为两步：首先，对编码矩阵 $\boldsymbol{A}$ 取整，并生成选择机器矩阵 $\boldsymbol{S}$；其次，按照先来先加工的规则，确定阀块的加工顺序，并生成完成时间矩阵 $\boldsymbol{T}_{\mathrm{C}}$。

3.5.3.3 选择机器矩阵 S

对式(3-35)的编码矩阵 $\boldsymbol{A}$ 中各个元素 a_{uv} 分别向下取整，得到矩阵 $\boldsymbol{B}$：

$$
\boldsymbol{B}=\begin{pmatrix}
1 & 1 & 1 & 1 & 1 & 1 & 1 & 1\\
2 & 2 & 3 & 3 & 2 & 3 & 3 & 2\\
5 & 6 & 7 & 5 & 4 & 6 & 4 & 5\\
8 & 9 & 8 & 9 & 9 & 8 & 8 & 9\\
10 & 10 & 10 & 10 & 10 & 10 & 10 & 10\\
11 & 12 & 12 & 11 & 11 & 11 & 12 & 11
\end{pmatrix} \tag{3-36}
$$

由编码矩阵 $\boldsymbol{A}$ 可知，矩阵 $\boldsymbol{B}$ 中行表示各工序，列表示要加工的阀块，根据各工序上的机器编号规则，由矩阵 $\boldsymbol{B}$ 的列可得到各阀块与机器的对应关系，例如，第 1 列的含义为：阀块 1 的 6 道工序分别在机器 1、2、5、8、10、11 上加工；第 2 列的含义为：阀块 2 的 6 道工序分别在机器 1、2、6、9、10、12 上加工。然后，将 6 行(6 道工序)8 列(8 个阀块)的矩阵 $\boldsymbol{B}$ 按列扩展成 12 行(12 个机器)8 列的选择机器矩阵 $\boldsymbol{S}$，根据各阀块在相应工序是否选择了该机器，用 1 表示选取该机器、0 表示未选取，例如，根据矩阵 $\boldsymbol{B}$ 的第 1 列，将选择机器矩阵 $\boldsymbol{S}$ 第 1 列的第 1、2、5、8、10、11 行取 1，其余各行取 0，依次类推，得到选择机器矩阵 $\boldsymbol{S}$：

$$
\boldsymbol{S} = \begin{pmatrix}
1 & 1 & 1 & 1 & 1 & 1 & 1 & 1 \\
1 & 1 & 0 & 0 & 1 & 0 & 0 & 1 \\
0 & 0 & 1 & 1 & 0 & 1 & 1 & 0 \\
0 & 0 & 0 & 0 & 1 & 0 & 1 & 0 \\
1 & 0 & 0 & 1 & 0 & 0 & 0 & 1 \\
0 & 1 & 0 & 0 & 0 & 1 & 0 & 0 \\
0 & 0 & 1 & 0 & 0 & 0 & 0 & 0 \\
1 & 0 & 1 & 0 & 0 & 1 & 1 & 0 \\
0 & 1 & 0 & 1 & 1 & 0 & 0 & 1 \\
1 & 1 & 1 & 1 & 1 & 1 & 1 & 1 \\
1 & 0 & 0 & 1 & 1 & 1 & 0 & 1 \\
0 & 1 & 1 & 0 & 0 & 0 & 1 & 0
\end{pmatrix} \tag{3-37}
$$

3.5.3.4 完成时间矩阵的生成

1. 加工时间矩阵 $\boldsymbol{T}_{\mathrm{P}}$

将表 3-13 阀块在各机器上的加工时间表示为矩阵 $\boldsymbol{T}$：

$$
\boldsymbol{T} = \begin{pmatrix}
17 & 16 & 18 & 16 & 17 & 16 & 20 & 15 \\
58 & 67 & 96 & 84 & 72 & 48 & 72 & 72 \\
58 & 67 & 96 & 84 & 72 & 48 & 72 & 72 \\
49 & 61 & 50 & 63 & 50 & 76 & 103 & 65 \\
49 & 61 & 50 & 63 & 50 & 76 & 103 & 65 \\
55 & 67 & 60 & 70 & 57 & 77 & 105 & 67 \\
39 & 55 & 45 & 53 & 41 & 70 & 90 & 56 \\
21 & 10 & 22 & 11 & 22 & 19 & 25 & 33 \\
27 & 16 & 32 & 18 & 30 & 21 & 33 & 40 \\
19 & 19 & 10 & 19 & 19 & 31 & 64 & 18 \\
13 & 13 & 14 & 13 & 13 & 13 & 19 & 11 \\
19 & 19 & 14 & 11 & 11 & 15 & 16 & 19
\end{pmatrix} \tag{3-38}
$$

为提取各阀块在其实际使用机器上的加工时间，屏蔽没有实际使用的机器，将矩阵 $\boldsymbol{T}$ 与选择机器矩阵 $\boldsymbol{S}$ 点乘得到加工时间矩阵 $\boldsymbol{T}_{\mathrm{P}}$：

$$T_P = \begin{pmatrix} 17 & 16 & 18 & 16 & 17 & 16 & 20 & 15 \\ 58 & 67 & 0 & 0 & 72 & 0 & 0 & 72 \\ 0 & 0 & 96 & 84 & 0 & 48 & 72 & 0 \\ 0 & 0 & 0 & 0 & 50 & 0 & 103 & 0 \\ 49 & 0 & 0 & 63 & 0 & 0 & 0 & 65 \\ 0 & 67 & 0 & 0 & 0 & 77 & 0 & 0 \\ 0 & 0 & 45 & 0 & 0 & 0 & 0 & 0 \\ 21 & 0 & 22 & 0 & 0 & 19 & 25 & 0 \\ 0 & 16 & 0 & 18 & 30 & 0 & 0 & 40 \\ 19 & 19 & 10 & 19 & 19 & 31 & 64 & 18 \\ 13 & 0 & 0 & 13 & 13 & 13 & 0 & 11 \\ 0 & 19 & 14 & 0 & 0 & 0 & 16 & 0 \end{pmatrix} \tag{3-39}$$

它表示了各阀块的各道工序在其选择的机器上的加工时间。

2. 确定阀块的加工顺序

按照先来先加工的规则，确定阀块的加工顺序。当出现 $\text{int}(a_{uv}) = \text{int}(a_{uz})$ 且 $v \neq z$ 时，这表明阀块 v 和 z 在同一台机器上加工同一道工序 u，这时，如果是第一道工序（$u=1$），则按照元素 a_{1v} 的升序来加工阀块；如果不是第一道工序（$u>1$），则根据每个阀块的前一道工序完成时间的早晚来确定其加工顺序，前一道工序先完成的阀块先加工；如果完成时间相同，则也按照 a_{uv} 的升序来加工。

根据上述阀块加工顺序规则，可确定同一机器上阀块的加工先后顺序如下：机器 1：阀块 6、8、2、7、4、5、1、3 的第 1 道工序；机器 2：阀块 8、2、5、1 的第 2 道工序；机器 3：阀块 6、7、4、3 的第 2 道工序；机器 4：阀块 7、5 的第 3 道工序；机器 5：阀块 8、4、1 的第 3 道工序；机器 6：阀块 6、2 的第 3 道工序；机器 7：阀块 3 的第 3 道工序；机器 8：阀块 6、7、1、3 的第 4 道工序；机器 9：阀块 8、2、4、5 的第 4 道工序；机器 10：阀块 6、8、2、7、4、5、1、3 的第 5 道工序；机器 11：阀块 6、8、4、5、1 的第 6 道工序；机器 12：阀块 2、7、3 的第 6 道工序。

3. 完成时间矩阵 T_C

根据阀块加工顺序规则，结合式（3-39）所示的加工时间矩阵 T_P，生成阀块在所选机器上完成相应工序加工的完成时间矩阵 T_C：

$$
\boldsymbol{T}_{\mathrm{C}}=\begin{pmatrix}
117 & 47 & 135 & 83 & 100 & 16 & 67 & 31\\
300 & 170 & 0 & 0 & 242 & 0 & 0 & 103\\
0 & 0 & 319 & 223 & 0 & 64 & 139 & 0\\
0 & 0 & 0 & 0 & 292 & 0 & 242 & 0\\
349 & 0 & 0 & 286 & 0 & 0 & 0 & 168\\
0 & 237 & 0 & 0 & 0 & 141 & 0 & 0\\
0 & 0 & 364 & 0 & 0 & 0 & 0 & 0\\
370 & 0 & 392 & 0 & 0 & 160 & 267 & 0\\
0 & 254 & 0 & 304 & 333 & 0 & 0 & 208\\
394 & 273 & 403 & 356 & 375 & 191 & 336 & 226\\
407 & 0 & 0 & 369 & 388 & 204 & 0 & 237\\
0 & 292 & 417 & 0 & 0 & 0 & 353 & 0
\end{pmatrix} \tag{3-40}
$$

其中,矩阵 $\boldsymbol{T}_{\mathrm{C}}$ 中元素不为 0 的数值表示相应阀块各道工序在所选机器上的最早完成时间,所以矩阵中元素最大的数即为微粒 i 所表示的调度方案的最大完成时间,即 $t_{\max}^{\mathrm{C}}=417$ min。

3.5.3.5　结果对比

将 MFPSO 算法用于求解该液压阀块加工车间调度问题,并与车间实际调度方案(依据现场实际经验排序)以及微粒群(PSO)算法、中值导向微粒群(MPSO)算法[70]、扩展微粒群(EPSO)算法[77]、ACO 算法进行对比,以验证所提算法的有效性。

令 PSO、MPSO、EPSO 算法的参数设置与 MFPSO 算法相同:种群规模 $N=20$、函数维数 $n=8\times6=48$、最大迭代次数 $t_{\max}=500$、惯性权重 $w_{\min}=0.4$、$w_{\max}=0.9$、加速常数 $c_1=c_2=c_j=1.49$;令 ACO 算法的种群规模 $N=20$,信息素挥发系数 $\rho=0.5$,固定概率 P_0 设置为[0,1]之间的随机数。上述 5 种算法独立运行 10 次的最优优化结果曲线如图 3-23 所示,所得优化结果的平均值见表 3-15。

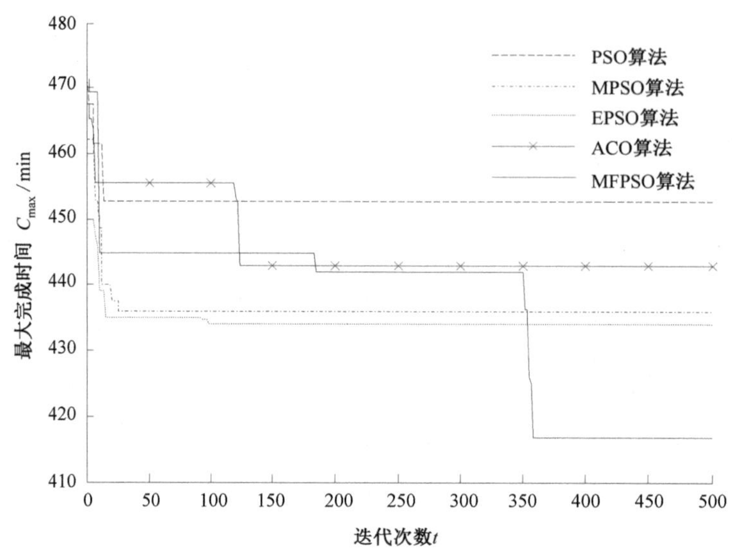

图 3-23　4 种算法的优化迭代曲线

表 3-15　优化结果(最大完成时间)对比 min

实际调度	PSO 算法	MPSO 算法	EPSO 算法	ACO 算法	MFPSO 算法
525	455	439	437	446	420

由图 3-23 和表 3-15 可知,MFPSO 算法所得结果最优,其最优调度方案的甘特图如图 3-24 所示。

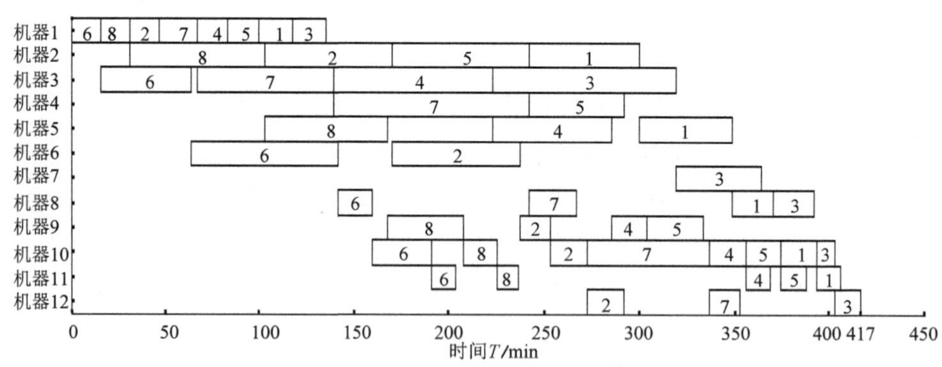

图 3-24　最优调度方案的甘特图

由图 3-24 可知,MFPSO 算法所得的最优调度方案中各机器上的作业量比较均衡,符合实际需求,同时缩短了最大完成时间。故所提 MFPSO 算法是有效、可行的,采用该调度方案可提高液压阀块加工车间的生产效率,也有助于实现节能减排、节约成本。

3.6　机械设计优化

机械设计是常见的工程问题。本节选用三个经典的工程实例测试解决实际工程问题的能力，它们分别是压力容器设计问题、张力弹簧设计问题以及焊接梁设计问题[14]。本节中，将有约束优化问题通过罚函数法转化成无约束优化问题。

对于机械优化的多参数优化问题，可以通过多种优化算法进行优化计算。这些算法能根据实际需要满足绝大多数情况下的优化设计需求。随着计算机的快速发展，利用数值计算软件进行优化计算已成为主流。在数值计算软件里编写程序设定目标函数、约束条件以及优化方法，运行程序后计算机将会自动迭代计算，对所有可能的变量进行检验，找到满足要求的最佳解决方案，并对数据进行保存。

3.6.1　压力容器设计问题

压力容器设计问题是设计压力容器的四个参数，进而最小化其成本费用。图 3-25 为压力容器示意图，包括两个半球形的盖和轧制钢板，轧制钢板沿长度方向焊接成圆筒。其四个参数分别是外壳厚度 T_s、封头厚度 T_h、内半径 R 以及容器长度 L。

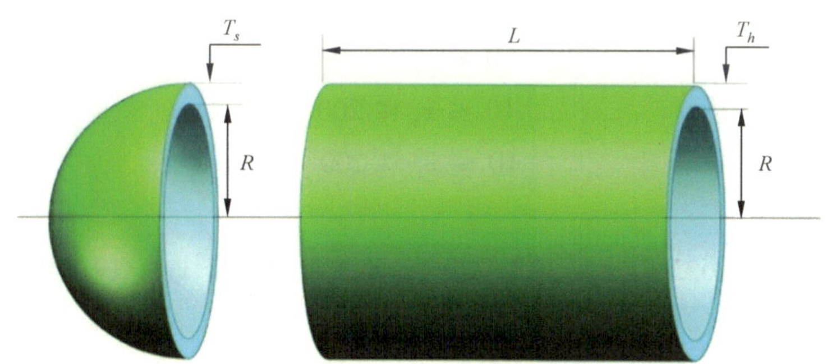

图 3-25　压力容器设计

成本是焊接成本、材料和成型成本以及安装成本的组合[165]。假设安装成本不会随着设计的变化而变化，因此不考虑这部分成本。焊接成本将通过焊接材料每磅的平均成本乘以所需焊接材料的重量来估算。纵向焊接成本为

$$C_{\text{long}} = V_l \times D \times C_w \tag{3-41}$$

其中，C_{long} 是纵向焊接成本；C_w 是焊接材料的平均成本；D 是材料的密度；V_l 是材料的体积，计算如下：

$$V_1 = \pi\left(\frac{T_s}{\cos30°}\right)^2\left(\frac{60}{360}\right) \times L \times 2 \tag{3-42}$$

环焊成本为

$$C_{\text{weld}} = V_s \times D \times C_w \tag{3-43}$$

其中，C_{weld} 是环焊成本；V_s 是材料的体积，计算如下：

$$V_s = \pi\left(\frac{T_s}{\cos30°}\right)^2\left(\frac{60}{360}\right) \times 4 \times R \times \pi \tag{3-44}$$

总焊接成本为

$$C_w = 3.166\,1T_s^{\,2}L + 19.84RT_s^{\,2} \tag{3-45}$$

材料和成型成本如下：

$$\begin{aligned} C_m &= 2\pi DC_sRT_sL + 2\pi DC_hR^2T_h \\ &= 0.622\,4RT_sL + 1.778\,1R^2T_h \end{aligned} \tag{3-46}$$

其中，C_s 是轧制板的近似成本；C_h 是锻造板的近似成本。

其问题定义如下所示：

参数 $\boldsymbol{X} = [x_1, x_2, x_3, x_4] = [T_S, T_h, R, L]$

取值范围

$$0 \leqslant x_1 \leqslant 99$$
$$0 \leqslant x_2 \leqslant 99$$
$$10 \leqslant x_3 \leqslant 200$$
$$10 \leqslant x_4 \leqslant 200$$

目标函数

$$f(\boldsymbol{X}) = 0.622\,4x_1x_3x_4 + 1.778\,1x_2x_3^2 + 3.166\,1x_1^2x_4 + 19.84x_1^2x_3$$

约束条件

$$\begin{aligned} g_1(\boldsymbol{X}) &= -x_1 + 0.019\,3x_3 \leqslant 0 \\ g_2(\boldsymbol{X}) &= -x_2 + 0.009\,54x_3 \leqslant 0 \\ g_3(\boldsymbol{X}) &= -\pi x_4x_3^2 - \frac{4}{3}\pi x_3^3 + 1\,296\,000 \leqslant 0 \\ g_4(\boldsymbol{X}) &= x_4 - 240 \leqslant 0 \end{aligned} \tag{3-47}$$

根据以上限制信息、目标函数及约束条件建立压力容器成本的优化数学模型。

为了求取目标函数的最小值，本书采取鲸鱼优化算法（WOA）、蜘蛛蜂优化算法（SWO）、麻雀优化算法（SSA）、微粒群算法（PSO）、算术优化算法（AOA）以及

2.8 节中的改进蜘蛛蜂优化算法(ISWO)进行优化计算。

表 3-16　优化算法的参数设计

算法	参数
PIO	$Max\_inter=200$；$N=30$
SWO	$TR=0.3$；$Cr=0.2$；$N\_min=20$；$Max\_inter=200$；$N=30$
SSA	$Max\_inter=200$；$N=30$
PSO	$V_{max}=ub/4$；$V_{min}=lb/4$；$w_{max}=0.9$；$w_{min}=0.4$； $C1=C2=0.5$；$N=10$；$t\_max=5\ 000$；
AOA	$Mop\_Max=1$；$Mop\_Min=0.2$；$C\_ter=1$，$Alpha=5$；$Mu=0.499$； $Max\_inter=200$；$N=30$
ISWO	$TR=0.3$；$Cr=0.2$；$N\_min=20$；$Max\_inter=200$； $N=30$；$Action=5$；$State=5$；

对于上述的优化算法对压力容器最佳成本费用的求解结果如表 3-17 所示，对应的优化迭代图如图 3-26 所示。

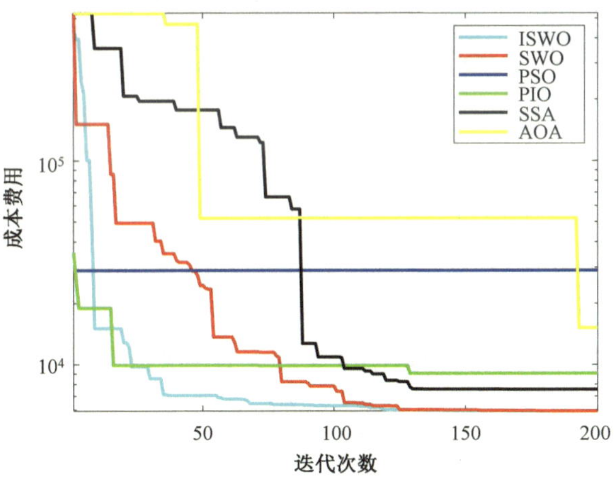

图 3-26　各种算法对于压力容器的迭代图

表 3-17　各种算法的结果

算法	T_s	T_h	R	L	成本费用
PSO	1.336 9	0.776 8	56.138 8	104.182 5	1.180 1E+04
SWO	0.856 2	0.423 0	44.340 7	150.792 3	5.914 2E+03
ISWO	**0.934 9**	**0.469 1**	**48.415 0**	**111.486 5**	**5.900 5E+03**

续表 3-17

算法	T_s	T_h	R	L	成本费用
PIO	0.953 5	0.637 5	47.394 0	163.840 9	7.497 8E+03
SSA	1.396 4	0.690 2	72.352 6	17.972 8	6.594 2E+03
AOA	2.097 6	4.606 6	69.720 6	200	1.497 1E+04

经过多种优化算法的对比发现,ISWO 优化的结果最佳,即在满足容积的要求的情况下,该设计方案$[T_s, T_h, R, L]=[0.934\ 9, 0.469\ 1, 48.415\ 0, 111.486\ 5]$的设计成本最低。

3.6.2 张力弹簧设计问题

本问题是通过设置弹簧的三个参数,从而最小化弹簧质量的问题。图 3-27 是其示意图。其三个参数分别是丝径 d、簧圈平均直径 D、有效线圈的数量 L。

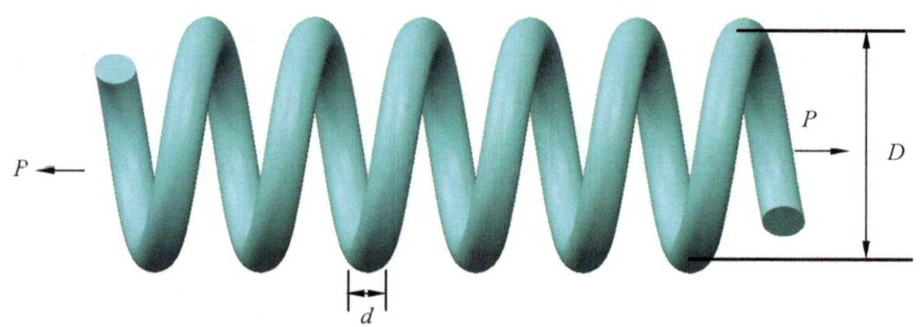

图 3-27 张力弹簧设计

变量组成:$\boldsymbol{x}=[x_1,x_2,x_3]=[d,D,L]$,

首先,荷载挠度方程为

$$P=K\delta \tag{3-48}$$

其中,δ 是沿弹簧轴线的偏转,弹簧刚度系数 K 计算如下:

$$K=\frac{d^4G}{8D^3L} \tag{3-49}$$

其中,G 是剪切模量。

施加在弹簧上的剪切应力计算如下:

$$\tau=\frac{8kPD}{\pi d^3} \tag{3-50}$$

其中,k 是瓦尔(Wahl)因子:

$$k=\frac{4D-d}{4(D-d)}+\frac{0.615d}{D} \tag{3-51}$$

弹簧的自然频率为[166]

$$\omega = \frac{d}{2\pi LD^2}\sqrt{\frac{G}{2\rho}} \tag{3-52}$$

其中,ρ 是材料的质量密度。

因此,最小化弹簧的质量为

$$\begin{aligned} Mass &= \left(\frac{\pi}{4}d^2\right)[(L+D)\pi D]\rho \\ &= \frac{1}{4}(L+D)\pi^2 Dd^2\rho \end{aligned} \tag{3-53}$$

目标函数为[167]

$$f(\boldsymbol{x}) = (x_3 + x_2)x_2x_1^2 \tag{3-54}$$

第一个约束条件为

$$D + d \leqslant D_0 \tag{3-55}$$

其中,D_0 是弹簧外径限制。

第二个约束确保性能要求。通常要求 δ 必须至少为特定的 Δ 值,即

$$\delta \geqslant \Delta \rightarrow \frac{P}{K} \geqslant \Delta \rightarrow \frac{P}{\dfrac{d^4G}{8D^3L}} \geqslant \Delta \rightarrow \frac{8PD^3L}{d^4G} \geqslant \Delta \tag{3-56}$$

剪应力上限设置为第三个约束,即

$$\tau \leqslant \tau_a \rightarrow \frac{8kPD}{\pi d^3} \leqslant \tau_a \rightarrow \frac{8PD}{\pi d^3}\left[\frac{4D-d}{4(D-d)} + \frac{0.615d}{D}\right] \leqslant \tau_a \tag{3-57}$$

最后一个约束是自然频率 ω_0 的下限,以防止共振:

$$\omega \geqslant \omega_0 \rightarrow \frac{d}{2\pi LD^2}\sqrt{\frac{G}{2\rho}} \geqslant \omega_0 \tag{3-58}$$

代入求得约束条件为[167]

$$g_1(\boldsymbol{x}) = 1 - \frac{x_2^3x_3}{71\ 785x_1^4} \leqslant 0$$

$$g_2(\boldsymbol{x}) = \frac{4x_2^2 - x_1x_2}{12\ 566(x_2x_1^3 - x_1^4)} + \frac{1}{5\ 108x_1^2} \leqslant 0$$

$$g_3(\boldsymbol{x}) = 1 - \frac{140.45x_1}{x_2^2x_3} \leqslant 0$$

$$g_4(\boldsymbol{x}) = \frac{x_1 + x_2}{1.5} - 1 \leq 0 \tag{3-59}$$

可以得到约束范围是

$$0.05 \leq x_1 \leq 2$$
$$0.25 \leq x_2 \leq 1.30$$
$$2.00 \leq x_3 \leq 15$$

根据上述信息建立弹簧质量的数学优化模型。

为了求解上述数学优化模型，本书采用多种优化算法[粒子群算法(PSO)、天鹰优化算法(AO)、鲸鱼优化算法(WOA)、差分变异鲸鱼优化算法(DWOA)、麻雀优化算法(SSA)、灰狼优化算法(GWO)、鸽群优化算法(PIO)[168]]进行求解。算法相关参数如表 3-18。

表 3-18　不同算法的参数设计

算法	参数
PSO	$V_{max}=ub/4$; $V_{min}=lb/4$; $w_{max}=0.9$; $w_{min}=0.4$; $C1=C2=0.5$; $N=10$; $t\_max=5\ 000$;
AO	$\alpha=\beta=1$; $Max\_inter=200$; $N=30$
SSA	$Max\_inter=200$; $N=30$
PIO	$Max\_inter=200$; $N=30$
GWO	$Max\_inter=200$; $N=30$
DWOA	$CR=0.9$; $F=0.5$; $beta=1.5$; $Max\_inter=200$; $N=30$

利用 PSO、AO、SSA、PIO、GWO、DWOA 算法求解张力弹簧的设计问题，结果如表 3-19 所示，对应的优化迭代图如图 3-28 所示。

表 3-19　不同算法结果

算法	丝径 d	直径 D	线圈数目 N	最小质量
PSO	0.060 6	0.565 3	6.809 6	0.018 3
GWO	0.054 3	0.421 8	8.304 2	0.012 8
AO	0.083 1	1.224 8	4.291 5	0.053 3
PIO	0.062 5	0.634 1	4.720 8	0.016 7
SSA	0.061 3	0.634 1	9.573 8	0.027 6
DWOA	0.051 1	0.342 9	12.163 6	**0.012 7**

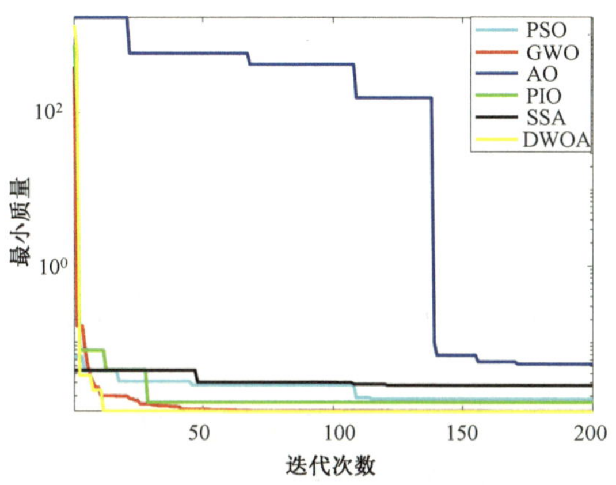

图 3-28　弹簧设计算法迭代图

由表 3-19 和图 3-28，可以看出 DWOA 算法的收敛速度和最优值较其他算法更为优异。

3.6.3　焊接梁设计问题

焊接梁设计问题是通过设计四个参数，最小化焊接成本的问题。图 3-29 是焊接梁设计示意图。约束条件分别是切应力 τ、弯曲应力 θ、梁条弯曲载荷 P_c、末端偏差 δ 和边界条件，四个参数分别是梁条的长度 l、高度 t、厚度 b 和焊缝厚度 h。

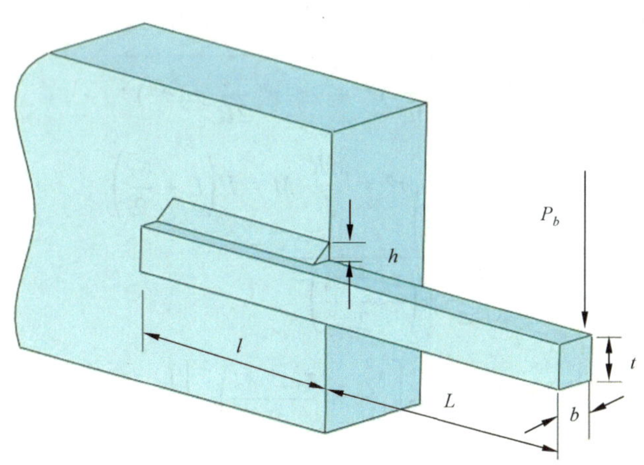

图 3-29　焊接梁设计

其问题定义如下：

参数 $\boldsymbol{X} = [x_1, x_2, x_3, x_4] = [h, l, t, b]$

取值范围

$$0.1 \leqslant x_1 \leqslant 2$$
$$0.1 \leqslant x_2 \leqslant 10$$
$$0.1 \leqslant x_3 \leqslant 10$$
$$0.1 \leqslant x_4 \leqslant 2$$

目标函数

$$f(\boldsymbol{X}) = 1.104\,71x_1^2x_2 + 0.048\,11x_3x_4(14.0 + x_2)$$

约束条件

$$g_1(\boldsymbol{X}) = \tau(\boldsymbol{X}) - \tau_{\max} \leqslant 0$$
$$g_2(\boldsymbol{X}) = \sigma(\boldsymbol{X}) - \sigma_{\max} \leqslant 0$$
$$g_3(\boldsymbol{X}) = \delta(\boldsymbol{X}) - \delta_{\max} \leqslant 0$$
$$g_4(\boldsymbol{X}) = x_1 - x_4 \leqslant 0$$
$$g_5(\boldsymbol{X}) = P - P_c(\boldsymbol{X}) \leqslant 0$$
$$g_6(\boldsymbol{X}) = 0.125 - x_1 \leqslant 0$$
$$g_7(\boldsymbol{X}) = 1.104\,71x_1^2 + 0.048\,11x_3x_4(14.0 + x_2) - 5.0 \leqslant 0 \tag{3-60}$$

其中,$\sigma_{\max}$ 为最大正应力,$\sigma_{\max}=30\ 000$ psi;P 为载荷,$P=6\ 000$ lb;L 表示长度,$L=14$in;$\delta_{\max}$ 表示最大挠度,$\delta_{\max}=0.25$in;E 表示弹性模量,$E=3\times10^6$;$\tau_{\max}$ 表示最大剪应力,$\tau_{\max}$ = 36 000psi;G 表示剪切模量,$G=1.2\times10^7$psi。

$$\begin{aligned}
&\tau(\boldsymbol{X}) = \sqrt{(\tau')^2 + 2\tau'\tau''\frac{x_2}{2R} + (\tau'')^2} \\
&\tau' = \frac{P}{\sqrt{2}x_1x_2}, \tau'' = \frac{MR}{J}, M = P\left(L + \frac{x_2}{2}\right) \\
&R = \sqrt{\frac{x_2^2}{4} + \left(\frac{x_1 + x_3}{2}\right)^2} \\
&J = 2\left\{\sqrt{2}x_1x_2\left[\frac{x_2^2}{4} + \left(\frac{x_1 + x_3}{2}\right)^2\right]\right\} \\
&\sigma(\boldsymbol{X}) = \frac{6PL}{x_4x_3^2}, \delta(\boldsymbol{X}) = \frac{6PL^3}{Ex_3^2x_4} \\
&P_c(\boldsymbol{X}) = \frac{4.013E\sqrt{\dfrac{x_3^2x_4^6}{36}}}{L^2}\left(1 - \frac{x_3}{2L}\sqrt{\frac{E}{4G}}\right)
\end{aligned} \tag{3-61}$$

根据以上信息建立对应的数学优化模型。为了对该模型进行求解,利用多种优化算法[粒子群优化算法(PSO)、蜘蛛蜂优化算法(SWO)、改进的蜘蛛蜂优化算法(ISWO)、差分变异鲸鱼优化算法(DWOA)、鲸鱼优化算法(WOA)、菲克定律算法(FLA)[169]]进行优化。

表 3-20 不同算法的参数设计

算法	参数
PSO	$Vmax = ub/4$; $Vmin = lb/4$; $wmax = 0.9$; $wmin = 0.4$; $c_1 = c_2 = 0.5$; $N = 10$; $Max\_inter = 5000$;
SWO	$TR = 0.3$; $Cr = 0.2$; $N\_min = 20$; $Max\_inter = 500$; $N = 30$
DWOA	$Mop\_max = 1$; $Mop\_min = 0.2$; $C\_iter = 1$; $\alpha = 5$; $mu = 0.499$; $Max\_inter = 500$; $N = 30$
ISWO	$Max\_inter = 500$; $N = 30$; $TR = 0.3$; $CR = 0.2$; $N\_min = 20$; $action = 5$; $state = 5$
WOA	$Max\_inter = 500$; $N = 30$; $CR = 0.9$; $F = 0.5$; $beta = 1.5$;
FLA	$c_1 = 0.5$; $c2 = 2$; $c3 = 0.1$; $c4 = 0.2$; $c5 = 2$; $D = 0.01$; $Max\_inter = 500$; $N = 30$

利用表 3-20 中相关的算法对焊接梁进行设计,结果如表 3-21 所示,对应的优化迭代图如图 3-30 所示。

表 3-21 不同算法的优化结果

算法	h	l	t	b	最佳值
PSO	0.199 2	3.742 2	9.057 3	0.211 5	1.739 7
SWO	0.398 5	2.188 2	6.833 2	0.445 8	2.181 9
DWOA	**0.205 7**	**3.470 4**	**9.036 6**	**0.205 7**	**1.724 9**
ISWO	**0.241 8**	**3.423 0**	**8.579 1**	**0.244 3**	**1.724 9**
WOA	0.165 2	4.623 2	9.036 7	0.205 7	2.017 7
FLA	0.200 5	3.399 5	10	0.202 4	2.353 7

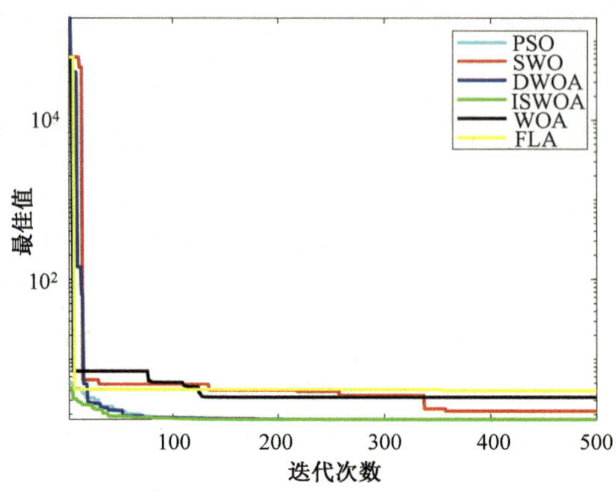

图 3-30　焊接梁优化迭代图

根据表 3-21 可知，DWOA 和 ISWO 优化结果均取得最优。因此在实际生产中取[h, l, t, b] = [0.205 7, 3.470 7, 9.036 6, 0.205 7]或[h, l, t, b] = [0.241 8, 3.423 0, 8.579 1, 0.244 3]，此时的焊接成本比较低。

第 4 章　总结与展望

4.1　本书总结

本书介绍了群智能优化算法的定义、分类、常用的优化策略。给出了智能优化方法创新的策略，给出了轧制规程优化、液压控制优化、机械故障诊断等实例。为今后在创新方法的提出、改进指出了思路。

本书的内容主要分为四个主要部分：首先，介绍了优化基础知识和提高优化技术的策略；其次，详细描述了多种改进的群智能优化算法及其性能验证；再次，给出了改进算法在不同机械领域的应用实例；最后，对全书内容进行了总结和展望。

书中讨论的群智能优化算法包括标准微粒群算法、多作用力粒子群算法、动态拓扑多作用力微粒群算法、膜计算多粒子算法、细菌群优化算法、多阶段自适应蝙蝠-蚁群混合群智能算法、多策略改进樽海鞘优化算法、改进蜘蛛蜂优化算法、一种差分变异鲸鱼优化算法等，这些算法在机械工程中的应用涵盖了轧制规程优化、液压控制参数优化、旋转机械故障诊断、液压系统可靠性优化、液压阀块车间调度优化以及机械设计优化等多个方面。通过实际案例分析，展示了将改进算法应用于解决具体的工程优化问题的过程，并取得了较好的优化效果。

该书可为机械类科研及工程技术人员提供一种方法上的支撑。

4.2　发展与展望

正如无免费午餐原则指出的一样，没有一个优化算法适用于所有优化问题，因此关于优化的研究永无止境。

一方面，更多的智能优化算法还会层出不穷。到目前为止，人类已鉴定出的物种，大约有 170 多万个。找出动物觅食、择偶等规律加以建模并为优化服务仍是一项艰巨并富有挑战的项目。

另一方面，机械领域越来越多的问题需要优化。例如芯片制作完整过程包括：芯片设计、晶片制作、封装制作、成本测试等多个环节，其中晶片制作过程尤为复杂，我们介绍了液压阀块加工车间的调度优化，芯片制作的工艺过程所需要的优化工艺比之难上加难。机械领域的目标函数建模并寻找与特定问题相匹配的优化方法任务艰巨。

随着科学技术的进步,新质生产力相比传统生产力有了巨大的提升。这个新词与我们的生活息息相关,并且优化算法在其中扮演了重要的角色。新质生产力的提出根本原因是在生产过程中引入了大量的智能化和数字化。在实际生产中,我们会遇到许多优化问题,因此优化算法成了一个重要的工具。将优化算法应用到新质生产力中是一个重要且具有挑战性的任务。以下是一些方法或思路:

(1) 引入智能化[170]:利用新质生产力的特点,将智能化技术应用到优化算法中。

(2) 集成云计算和边缘计算:利用云计算和边缘计算,可以提高优化算法的计算能力和效率。通过将优化算法与云计算和边缘计算相结合,可以实现大规模数据处理和分布式优化,提高算法的性能和可扩展性。

(3) 多模态优化[171]:优化算法可以引入多模态优化技术,同时考虑不同模态之间的关系和相互作用,以获得更全面和准确的优化结果。

同时随着科学技术的发展,未来的优化对象也发生了巨大的变化,不仅考虑的因素增多,所求解的优化问题的难度可能会呈指数级增长。未来优化问题的显著特点是:

(1) 大规模性:未来的优化问题往往会涉及大规模的数据集、复杂的模型或多个目标,需要优化算法具备处理大规模问题的能力。

(2) 高效性:随着社会的发展和竞争的加剧,优化算法需要具备高效性,能够在较短的时间内找到高质量的解决方案。

(3) 多样性:未来的优化问题可能涉及多个不同类型的变量、约束条件或目标函数,需要优化算法具备处理多样性问题的能力。

(4) 不确定性:未来的优化问题可能受到各种不确定性因素的影响,如噪声、随机性等,需要优化算法能够在不确定性环境下找到稳健的解决方案。

(5) 自适应性:未来的优化问题可能随着时间、环境、任务的变化而变化,需要优化算法具备自适应性,能够动态调整策略以适应不同情况。

(6) 联合优化[172]:未来的优化问题可能涉及多个相关的子问题,需要进行联合优化以获得全局最优解。优化算法需要具备联合优化的能力,同时考虑多个子问题之间的相互影响。

综上,我们面对的优化问题会越来越困难,所考虑的因素也越来越多。因此,对于群智能优化算法的研究任重道远。

参考文献

[1] WOLPERT D H, MACREADY W G. No free lunch theorem for optimization [J]. IEEE Transactions on Evolutionary Computation, 1997,1(1):67-82.

[2] MOHAPATRA S,MOHAPATRA P. Fast random opposition-based learning golden jackal optimization algorithm [J]. Knowledge-Based Systems, 2023, 275:110679.

[3] HOLLAND J H. Adaptation in natural and artificial systems:an introductory analysis with applications to biology,control,and artificial intelligence[M]. Cambridge: MIT press,1992.

[4] STORN R,PRICE K. Differential evolution—a simple and efficient heuristic for global optimization over continuous spaces[J]. Journal of Global Optimization, 1997,11:341-359.

[5] DHIVYAPRABHA T T,SUBASHINI P,KRISHNAVENI M. Synergistic fibroblast optimization:a novel nature-inspired computing algorithm[J]. Frontiers of Information Technology & Electronic Engineering,2018,19(7):815-833.

[6] CIVICIOGLU P. Transforming geocentric cartesian coordinates to geodetic coordinates by using differential search algorithm[J]. Computers & Geosciences,2012, 46:229-247.

[7] RAHMAN C M,RASHID T A. A new evolutionary algorithm:Learner performance based behavior algorithm[J]. Egyptian Informatics Journal,2021,22(2):213-223.

[8] KENNEDY J,EBERHART R. Particle swarm optimization[C]//Proceedings of ICNN'95-International Conference on Neural Networks. IEEE, 1995, 4: 1942-1948.

[9] MIRJALILI S,MIRJALILI S M,LEWIS A. Grey wolf optimizer[J]. Advances in Engineering Software,2014,69:46-61.

[10] MIRJALILI S,LEWIS A. The whale optimization algorithm[J]. Advances

in Engineering Software,2016,95:51-67.

[11] ABDOLLAHZADEH B,GHAREHCHOPOGH F S,MIRJALILI S. African vultures optimization algorithm:a new nature-inspired metaheuristic algorithm for global optimization problems[J]. Computers & Industrial Engineering,2021,158:107408.

[12] ABDOLLAHZADEH B,SOLEIMANIAN GHAREHCHOPOGH F,MIRJALILI S. Artificial gorilla troops optimizer:a new nature-inspired metaheuristic algorithm for global optimization problems[J]. International Journal of Intelligent Systems,2021,36(10):5887-5958.

[13] XUE J,SHEN B. Dung beetle optimizer:a new meta-heuristic algorithm for global optimization[J]. The Journal of Supercomputing,2023,79:1-32.

[14] CHOPRA N,ANSARI M M. Golden jackal optimization:a novel nature-inspired optimizer for engineering applications[J]. Expert Systems with Applications,2022,198:116924.

[15] ABDEL-BASSET M,MOHAMED R,JAMEEL M,et al. Spider wasp optimizer:a novel meta-heuristic optimization algorithm[J]. Artificial Intelligence Review,2023,56(10):11675-11738.

[16] RASHEDI E,NEZAMABADI-POUR H,SARYAZDI S. Gsa:a gravitational search algorithm[J]. Information Sciences,2009,179(13):2232-2248.

[17] ZHENG Y J. Water wave optimization:a new nature-inspired metaheuristic[J]. Computers & Operations Research,2015,55:1-11.

[18] HATAMLOU A. Black hole:a new heuristic optimization approach for data clustering[J]. Information Sciences,2013,222:175-184.

[19] ABEDINPOURSHOTORBAN H,SHAMSUDDIN S M,BEHESHTI Z,et al. Electromagnetic field optimization:a physics-inspired metaheuristic optimization algorithm[J]. Swarm and Evolutionary Computation,2016,26:8-22.

[20] MIRJALILI S,MIRJALILI S M,HATAMLOU A. Multi-verse optimizer:a nature-inspired algorithm for global optimization[J]. Neural Computing & Applications,2016,27(2):495-513.

[21] MIRJALILI S. SCA:a sine cosine algorithm for solving optimization problems[J]. Knowledge-Based Systems,2016,96:120-133.

[22] ABUALIGAH L,DIABAT A,MIRJALILI S,et al. The arithmetic optimiza-

tion algorithm[J]. Computer Methods in Applied Mechanics and Engineering,2021,376:113609.

[23] RAY T,LIEW K M. Society and civilization:an optimization algorithm based on the simulation of social behavior[J]. IEEE Transactions on Evolutionary Computation,2003,7(4):386-396.

[24] DAI C,ZHU Y,CHEN W. Seeker optimization algorithm[C]//Computational Intelligence and Security:International Conference,Springer Berlin Heidelberg,2007:167-176.

[25] ZHANG Q,WANG R,YANG J,et al. Collective decision optimization algorithm:a new heuristic optimization method[J]. Neurocomputing,2017,221:123-137.

[26] KUMAR M,Kulkarni A J,Satapathy S C. Socio evolution & learning optimization algorithm:a socio-inspired optimization methodology[J]. Future Generation Computer Systems,2018,81:252-272.

[27] MOHAMED A W,HADI A A,MOHAMED A K. Gaining-sharing knowledge based algorithm for solving optimization problems:a novel nature-inspired algorithm[J]. International Journal of Machine Learning and Cybernetics. 2020,11(7):1501-1529.

[28] MIRJALILI S,LEWIS A. The whale optimization algorithm[J]. Advances in Engineering Software,2016,95:51-67.

[29] MIRJALILI S,GANDOMI A H,MIRJALILI S Z,et al. Salp swarm algorithm:a bio-inspired optimizer for engineering design problems[J]. Advances in Engineering Software,2017,114:163-191.

[30] ARORA S,SINGH S. Butterfly optimization algorithm:a novel approach for global optimization[J]. Soft Computing,2019,23:715-734.

[31] MERAIHI Y,GABIS A B,MIRJALILI S,et al. Grasshopper optimization algorithm:theory,variants,and applications[J]. IEEE Access,2021,9:50001-50024.

[32] KARABOGA D. Artificial bee colony algorithm[J]. Scholarpedia,2010,5(3):6915.

[33] FRANCA G,ROBINSON D,VIDAL R. ADMM and accelerated ADMM as continuous dynamical systems[C]//International Conference on Machine Learning. PMLR,2018:1559-1567.

[34] BECK A,TEBOULLE M. A fast iterative shrinkage-thresholding algorithm for linear inverse problems[J]. SIAM Journal on Imaging Sciences, 2009, 2(1): 183-202.

[35] YIN G. A stopped stochastic approximation algorithm[J]. Systems & Control Letters,1988,11(2):107-115.

[36] LUO H,AGARWAL A,CESA-BIANCHI N,et al. Efficient second order online learning by sketching[J]. Advances in Neural Information Processing Systems, 2016,29.

[37] JANES J Q,LI V O K. Parameter sensitivity analysis of social spider algorithm[C]//2015 IEEE Congress on Evolutionary Computation (CEC). IEEE,2015: 3200-3205.

[38] ABUALIGAH L,ABD ELAZIZ M,SUMARI P,et al. Reptile Search Algorithm (RSA):a nature-inspired meta-heuristic optimizer[J]. Expert Systems with Applications,2022,191:116158.

[39] ROJAS I,CONZÅLEZ J,POMARES H,et al. Statistical analysis of the main parameters involved in the design of a genetic algorithm[J]. IEEE Transactions on Systems, Man, and Cybernetics, Part C (Applications and Reviews), 2002, 32(1): 31-37.

[40] XU G. An adaptive parameter tuning of particle swarm optimization algorithm[J]. Applied Mathematics and Computation,2013,219(9):4560-4569.

[41] CHEN D,LIU J,YAO C,et al. Multi-strategy improved salp swarm algorithm and its application in reliability optimization[J]. Mathematical Biosciences and Engineering,2022,19(5):5269-5292.

[42] DERRAC J,GARCIA S,MOLINA D,et al. A practical tutorial on the use of nonparametric statistical tests as a methodology for comparing evolutionary and swarm intelligence algorithms[J]. Swarm and Evolutionary Computation,2011,1(1):3-18.

[43] SUN B,LI W,HUANG Y. Performance of composite PPSO on single objective bound constrained numerical optimization problems of CEC 2022[C]//2022 IEEE Congress on Evolutionary Computation (CEC). IEEE,2022:1-8.

[44] ZERVOUDAKIS K,TSAFARAKIS S. A mayfly optimization algorithm[J]. Computers &Industrial Engineering,2020,145:106559.

[45] 李锦. 小生境混合蛙跳算法研究与应用[D]. 西安:西安电子科技大学,2013.

[46] 袁诗浩. 面向多模态优化问题的小生境差分进化算法研究[D]. 西安:西安电子科技大学,2022.

[47] TIZHOOSH H R. Opposition-based learning:a new scheme for machine intelligence[C]//InternationalConference on Computational Intelligence for Modelling, Control and Automation and International Conference on Intelligent Agents, Web Technologies and Internet Commerce. IEEE,2005,1:695-701.

[48] RAHNAMAYAN S, JESUTHASAN J, BOURENNANI F, et al. Computing opposition by involving entire population[C]//2014 IEEE Congress on Evolutionary Computation (CEC). IEEE,2014:1800-1807.

[49] WATKINS C J C H, DAYAN P. Q-learning[J]. Machine Learning,1992, 8:279-292.

[50] LIU H, ZHANG X, ZHANG H, et al. A reinforcement learning-based hybrid aquila optimizer and improved arithmetic optimization algorithm for global optimization[J]. Expert Systems with Applications,2023,224:119898.

[51] 谢健,周永权,陈欢. 一种基于 Lévy 飞行轨迹的蝙蝠算法[J]. 模式识别与人工智能,2013,26(9):829-837.

[52] 邢致恺,贾鹤鸣,宋文龙. 基于莱维飞行樽海鞘群优化算法的多阈值图像分割[J]. 自动化学报,2021,47(2):363-377.

[53] 华罗庚,王元. 数论在近似分析中的应用[M]. 北京:科学出版社,1978:1-99.

[54] 宋婷婷,张琳娜. 结合重心反向变异的飞蛾扑火优化算法[J]. 智能计算机与应用,2020,10(12):104-107,115.

[55] WU R, HUANG H, WEI J, et al. An improved sparrow search algorithm based on quantum computations and multi-strategy enhancement[J]. Expert Systems with Applications,2023,215:119421.

[56] 易华辉,王雨璇,黄金香,等. 基于混合优化策略的麻雀搜索算法研究[J]. 机电工程技术,2023,52(2):93-97,176.

[57] LI X G, WEI X. An improved genetic algorithm-simulated annealing hybrid algorithm for the optimization of multiple reservoirs[J]. Water Resources Management,

2008,22:1031-1049.

[58] ZHANG J,ZHANG G,KONG M,et al. SCGJO:a hybrid golden jackal optimization with a sine cosine algorithm for tackling multilevel thresholding image segmentation[J]. Multimedia Tools and Applications,2024,83(3):7681-7719.

[59] 张贝,闵华松,张新明.差分变异和领地搜索的平衡优化算法及其机器人路径规划[J].计算机工程与科学,2023,45(11):2078-2090.

[60] 陈雷,尹钧圣.高斯差分变异和对数惯性权重优化的鲸群算法[J].计算机工程与应用,2021,57(2):77-90.

[61] 宁杰琼,何庆.t-分布扰动策略和变异策略的花授粉算法[J].小型微型计算机系统,2021,42(1):64-70.

[62] YANG X,LIU J,LIU Y,et al. A novel adaptive sparrow search algorithm based on chaotic mappingand t-distribution mutation[J]. Applied Sciences,2021,11(23):11192.

[63] 张少丰,李书琴.引入精英反向学习和柯西变异的混沌蜉蝣算法[J].计算机工程与设计,2024,45(1):187-196.

[64] SHI Y,EBERHART R. A modified particle swarm optimizer[C]//1998 IEEE International Conference on Evolutionary Computation Proceedings. IEEE World Congress on Computational Intelligence. IEEE,1998:69-73.

[65] CLERC M,KENNEDY J. The particle swarm-explosion,stability,and convergence in a multidimensional complex space[J]. IEEE Transactions on Evolutionary Computation,2002,6(1):58-73.

[66] SHI Y, EBERHART R C. Fuzzy adaptive particle swarm optimization [C]//Proceedings of the 2001 Congress on Evolutionary Computation. IEEE,2001,1:101-106.

[67] BRATTON D,KENNEDY J. Defining a standard for particle swarm optimization[C]//The 2007 IEEESwarm Intelligence Symposium(SIS 2007),Honolulu,HI,USA:IEEE,2007:120-127.

[68] 叶南海,戚一男,陈凯,等. 基于改进 PSO 的可靠性稳健优化计算方法[J]. 中国机械工程,2012,23(5):551-555.

[69] CHEN W N,ZHANG J,LIN Y,et al. Particle swarm optimization with an aging leader and challengers[J]. IEEE Transactions on Evolutionary Computation,

2012,17(2):241-258.

[70] BEHESHTI Z,SHAMSUDDIN S M H,HASAN S. MPSO:Median-oriented particle swarm optimization[J]. Applied Mathematics and Computation,2013,219(11):5817-5836.

[71] QU B Y,SUGANTHAN P N,DAS S. A distance-based locally informed particle swarm model for multimodal optimization[J]. IEEE Transactions on Evolutionary Computation,2013,17(3):387-402.

[72] MENDES R,KENNEDY J,NEVES J. The fully informed particle swarm: simpler,maybe better[J]. IEEE Transactions on Evolutionary Computation,2004,8(3):204-210.

[73] SRIGET J,VESTERSTROM J S. A Diversity-guided particle swarm optimizer-the ARPSO[R]. Aarhus:Aarhus University,2002,2:2002.

[74] 陈保娣,曾建潮. 改进的吸引扩散微粒群算法[J]. 控制理论与应用,2010,27(4):451-456.

[75] 韩飞,杨春生,刘清. 一种改进的基于梯度搜索的微粒群优化算法[J]. 南京大学学报(自然科学),2013,49(2):196-201.

[76] HUANG T,MOHAN A S. A microparticle swarm optimizer for the reconstruction of microwave images[J]. IEEE Transactions on Antennas and Propagation,2007,55(3):568-576.

[77] 莫思敏,曾建潮,谢丽萍. 扩展的微粒群算法[J]. 控制理论与应用,2012,29(6):811-816.

[78] 陈东宁,张瑞星,姚成玉,等. 求解液压阀块加工车间调度的多作用力微粒群算法[J]. 中国机械工程. 2015,26(3):369-378.

[79] YAO C,TAN X,CHEN D,et al. Two-stage force particle swarm optimization algorithm and application in hydraulic system reliability optimization[C]//2015 International Conference on Fluid Power and Mechatronics (FPM). IEEE,2015:1291-1296.

[80] CHEN D N,ZHANG R X,YAO C Y,et al. Dynamic topology multi force particle swarm optimization algorithm and its application[J]. Chinese Journal of Mechanical Engineering,2016,29(1):124-135.

[81] HUANG T,MOHAN A S. A microparticle swarm optimizer for therecon-

struction of microwave images[J]. IEEE Transactions on Antennas and Propagation, 2007,55(3):568 - 576.

[82] 汪小帆,李翔,陈关荣. 复杂网络理论及其应用[M]. 北京:清华大学出版社,2006:9-12.

[83] PĂUN G. Computing with membranes[J]. Journal of Computer and System Sciences,2000,61(1):108-143.

[84] 全昌盛. 膜计算仿真与膜进化算法研究[D]. 重庆:重庆大学,2022.

[85] 刘希玉,姜珍妮,赵玉祯. 膜计算研究综述[J]. 山东师范大学学报(自然科学版),2018,33(2):127-138.

[86] 欧柱. 细胞型膜计算模型遗传优化设计研究[D]. 成都:西南交通大学,2010.

[87] 廖孝勇,李尚键,孙棣华,等. 一种基于膜计算的改进人工鱼群算法[J]. 小型微型算机系统,2014,35(5):1142-1146.

[88] 张燕冰,汪皓,王丽铮,等. 基于膜计算的扩散优化算法及工程应用[J]. 武汉理工大学学报(交通科学与工程版),2024,48(1):97-104.

[89] 张群慧,李仁发. 膜计算改进粒子群优化算法的云资源调度[J]. 计算机工程与应用,2013,49(20):40-44.

[90] 陈东宁,王跃颖,姚成玉,等. 膜计算多粒子群算法[J]. 机械工程学报,2019,55(12):222-232.

[91] 史峰,王辉,郁磊,等. MATLAB 智能算法 30 个案例分析[M]. 北京:北京航空航天大学出版社,2011.

[92] 周芬. 粒子群膜算法及其应用研究[D]. 成都:西南交通大学,2011.

[93] PASSINO K M. Biomimicry of bacterial foraging for distributed optimization and control[J]. IEEE Control Systems Magazine,2002,22(3):52-67.

[94] 边琦,马建,张梦寒,等. 改进细菌觅食算法的永磁同步电机参数辨识[J]. 电机与控制学报,2024,28(2):174-181.

[95] 龙洋,苏义鑫,廉城,等. 混合细菌觅食算法求解无人艇路径规划问题[J]. 华中科技大学学报(自然科学版),2022,50(3):68-73.

[96] BISWAS A,DESGUPTA S,DAS S,et al. Synergy of PSO and bacterial foraging optimization - A comparative study on numerical benchmarks[C]//Corchado E, Corchado JM,Abraham A. Advances in Soft Computing. Innovations in Hybrid Intelli-

gent Systems. Germany:ASC,2007:255-263.

[97] 陈东宁,张国峰,姚成玉,等.细菌群觅食优化算法及 PID 参数优化应用[J]. 中国机械工程,2014,25(1):59-64.

[98] HUANG T,MOHAN A S. Micro-particle swarmoptimizerfor solving high dimensional optimization problems(μpsofor high dimensional optimization problems)[J]. Applied Mathematicsand Computation,2006,181(2):1148-1154.

[99] BISWAS A,DASGUPTA S,DAS S,et al. Synergy of PSO and bacterial foraging optimization: a comparative study on numerical benchmarks[J]. Innovations in Hybrid Intelligent Systems,2007:255-263.

[100] YANG X S. A new metaheuristic bat-inspired algorithm[M]//Nature Inspired Cooperative Strategies for Optimization. Berlin,Heidelberg:Springer Berlin Heidelberg,2010:65-74.

[101] POURYOSEF M,ABEDINI-Nassab R,AKRAMI S M R. A novel framework for epileptic seizure detection using electroencephalogram signals based on the bat feature selection algorithm[J]. Neuroscience,2024,541:35-49.

[102] VU-HUU T,PHAM-VAN S,PHAM Q H,et al. An improved bat algorithms for optimization design of truss structures[C]//Structures. Elsevier,2023,47:2240-2258.

[103] HEDDAM S,KIM S,DANANDEH MEHR A,et al. Bat algorithm optimised extreme learning machine (Bat - ELM):a novel approach for Daily River water temperature modelling[J]. The Geographical Journal,2023,189(1):78-89.

[104] CHAKRI A,KHELIF R,BENOUARET M,et al. New directional bat algorithm for continuous optimization problems[J]. Expert Systems with Applications,2017,69:159-175.

[105] YILMAZ S,KÜÇÜKSILLE E U. A new modification approach on bat algorithm for solving optimization problems[J]. Applied Soft Computing,2015,28:259-275.

[106] HE X,DING W J,YANG X S. Bat algorithm based on simulated annealing and Gaussian perturbations[J]. Neural Computing & Applications,2014,25(2):459-468.

[107] 陈梅雯,钟一文,王李进.一种求解多维全局优化问题的改进蝙蝠算

法[J]. 小型微型计算机系统,2015,36(12):2749-2753.

[108] BONABEAU E,DORIGO M,THERAULAZ G. Inspiration for optimization from social insect behaviour[J]. Nature,2000,406:39-42.

[109] WU L,HUANG X,CUI J,et al. Modified adaptive ant colony optimization algorithm and its application for solving path planning of mobile robot[J]. Expert Systems with Applications,2023,215:119410.

[110] AL-SHIHABI S. A hybrid of max-min ant system and linear programming for the k-covering problem[J]. Computers & OperationsResearch,2016,76:1-11.

[111] 吴长友,戴宁,刘浩,等. 基于改进蚁群算法的分形刀轨连接技术[J]. 中国机械工程,2016,27(1):58-65.

[112] 马文龙,王铮,赵燕伟. 基于改进蚁群算法的制造云服务组合优化[J]. 计算机集成制造系统,2016,22(1):113-121.

[113] LIN Y,GONG Y J,ZHANG J. An adaptive ant colony optimization algorithm for constructing cognitive diagnosis tests[J]. Applied Soft Computing,2017,52:1-13.

[114] 张铁,苏杰汶. 基于改进蚁群算法的机器人末端路径排序优化[J]. 中国机械工程,2016,27(19):2624-2629.

[115] 黄风立,左春柽,顾金梅,等. 基于加工操作单元的多态蚁群装夹规划方法[J]. 机械工程学报,2017,53(7):164-172.

[116] ADARSH B R,RAGHUNATHAN T,JAYABARATHI T,et al. Economic dispatch using chaotic bat algorithm[J]. Energy,2016,96:666-675.

[117] 陈东宁,张瑞星,姚成玉. 基于混合 PSO-ACO 算法的液压系统可靠性优化[J]. 机床与液压,2013,41(23):157-161.

[118] DONG G F,FU X L,LI H H,et al. Cooperative ant colony-genetic algorithm based on spark[J]. Computers and Electrical Engineering,2016,60:66-75.

[119] 谢颖,李吉兴,杨忠学,等. 改进遗传蚁群算法及其在电机结构优化中的研究[J]. 电机与控制学报,2015,19(10):64-70.

[120] 陈东宁,刘一丹,姚成玉,等. 多阶段自适应蝙蝠-蚁群混合群智能算法[J]. 机械工程学报,2021,57(6):236-248.

[121] 李枝勇,马良,张慧珍. 蝙蝠算法收敛性分析[J]. 数学的实践与认识,2013,43(12):182-190.

[122] APPLEGATE D L, BIXBY R E. CHVATAL V, et al. The traveling salesman problem: a computational study (Princeton series in applied mathematics) [M]. New York : Princeton University Press, 2007.

[123] PANDIT M,CHAUDHARY V,DUBEY H M,et al. Multi-period wind integrated optimal dispatch using series PSO-DE with time-varying Gaussian membership function based fuzzy selection[J]. Electrical Power and Energy Systems,2015,73:259-272.

[124] QIN H S,ZHOU S L,HUO L,et al. A new ant colony algorithm based on dynamic local search for TSP[C]//Proceedings of the 2015 FifthInternational Conference on Communication Systems and Network Technologies, Gwalior. IEEE, 2015: 913-917.

[125] 张达敏,陈忠云,辛梓芸,等. 基于疯狂自适应的樽海鞘群算法[J]. 控制与决策,2020,35(9):2112-2120.

[126] ABBASSI A,ABBASSI R,HEIDARI A A,et al. Parameters identification of photovoltaic cell models using enhanced exploratory salp chains-based approach[J]. Energy,2020,198:117333.

[127] SAYED G I,KHORIBA G,HAGGAG M H. A novel chaotic salp swarm algorithm for global optimization and feature selection[J]. Applied Intelligence,2018,48:3462-3481.

[128] 张铸,张仕杰,饶盛华,等. 基于自适应正态云模型的引力樽海鞘群算法[J]. 控制与决策,2022,37(2):344-352.

[129] SINGH N,SINGH S B,HOUSSEIN E H. Hybridizing salp swarm algorithm with particle swarm optimization algorithm for recent optimization functions[J]. Evolutionary Intelligence,2022,15:23-56.

[130] 陈雷,蔺悦,康志龙. 基于衰减因子和动态学习的改进樽海鞘群算法[J]. 控制理论与应用,2020,37(8):1766-1780.

[131] ZHANG H L, CAI Z N, YE X J, et al. A multi-strategy enhanced salp swarm algorithm for global optimization[J]. Engineering with Computers, 2022, 38: 1177-1203.

[132] 俞家珊,吴雷. 双领导者樽海鞘群算法[J]. 计算机科学,2021,48(4):254-260.

[133] SINGH N, SON L H, CHICLANA F, et al. A new fusion of salp swarm with sine cosine for optimization of non-linear functions[J]. Engineering with Computers, 2020, 36: 185-212.

[134] 丁力,高振奇,虞青.基于改进樽海鞘群算法的四旋翼飞行器姿态优化控制[J].农业机械学报,2019,50(10):243-250.

[135] DHABAL S, CHAKRABARTI R, MISHRA N S, et al. An improved image denoising technique using differential evolution-based salp swarm algorithm[J]. Soft Computing, 2021, 25(3): 1941-1961.

[136] 段绍米,罗会龙,刘海鹏.人群搜索和樽海鞘群的混合算法优化 PID 参数[J].系统仿真学报,2022,34(6):1230-1246.

[137] SAAFAN M M, EL-GENDY E M. IWOSSA: An improved whale optimization salp swarm algorithm for solving optimization problems[J]. Expert Systems with Applications, 2021, 176: 114901.

[138] 张继元.逐维重心反向 TFPSO 算法及在液压可靠性优化中的应用[D].秦皇岛:燕山大学,2021:30-36.

[139] 罗强,季伟东,徐浩天,等.一种最优粒子逐维变异的粒子群优化算法[J].小型微型计算机系统,2020,41(2):259-263.

[140] TIZHOOSH H R. Opposition-based Learning: a new scheme for machine intelligence[C]. International Conference on Computational Intelligence for Modelling, Control and Automation and International Conference on Intelligent Agents, Web Technologies and Internet Commerce. IEEE, 2005, 1: 695-701.

[141] RAHNAMAYAN S, JESUTHASAN J, BOURENNANI F, et al. Computing opposition by involving entire population[C]. 2014 IEEE Congress on Evolutionary Computation, Beijing, China, 2014: 1800-1807.

[142] DERRAC J, GARCía S, MOLINA D, et al. A practical tutorial on the use of nonparametric statistical tests as a methodology for comparing evolutionary and swarm intelligence algorithms[J]. Swarm and Evolutionary Computation, 2011, 1(1): 3-18.

[143] GARCIA S, FERNANDEZ A, LUENGO J, et al. Advanced nonparametric tests for multiple comparisons in the design of experiments in computational intelligence and data mining: Experimental analysis of power[J]. Information Sciences, 2010, 180(10): 2044-2064.

[144] ABDEL-BASSET M,MOHAMED R,JAMEEL M,et al. Spider wasp optimizer:a novel meta-heuristic optimization algorithm[J]. Artificial Intelligence Review,2023,56(10):11675-11738.

[145] XUE J,SHEN B. A novel swarm intelligence optimization approach:sparrow search algorithm[J]. Systems Science & Control Engineering,2020,8(1):22-34.

[146] ABUALIGAH L,YOUSRI D,ABD ELAZIZ M,et al. Aquila optimizer:a novel meta-heuristic optimization algorithm[J]. Computers & Industrial Engineering,2021,157:107250.

[147] ABUALIGAH L,DIABAT A,MIRJALILI S,et al. The arithmetic optimization algorithm[J]. Computer Methods in Applied Mechanics and Engineering,2021,376:113609.

[148] MIRJALILI S,LEWIS A. The whale optimization algorithm[J]. Advances in Engineering Software,2016,95:51-67.

[149] HU G,DU B,WANG X,et al. An enhanced black widow optimization algorithm for feature selection[J]. Knowledge-Based Systems,2022,235:107638.

[150] DAI X,WEI Y. Application of improved moth-flame optimization algorithm for robot path planning[J]. IEEE Access,2021,9:105914-105925.

[151] DHIMAN G,KUMAR V. Seagull optimization algorithm:Theory and its applications for large-scale industrial engineering problems[J]. Knowledge-based Systems,2019,165:169-196.

[152] 姜万录,陈东宁. 冷连轧机负荷分配优化研究进展[J]. 燕山大学学报,2007,31(3):189-193.

[153] 陈东宁,姜万录,王益群. 基于粒子群算法的冷连轧机轧制负荷分配优化[J]. 中国机械工程,2007,18(11):1303-1306.

[154] 陈东宁,姚成玉,赵静一,等. 液压气动系统可靠性与维修性工程[M]. 北京:化学工业出版社,2014.

[155] 姚成玉,陈东宁,魏立新. 流体传动与控制[M]. 北京:机械工业出版社,2023.

[156] CHEN D N,ZHOU ZY,HU DB,et al. Multisensor information fusion for fault diagnosis of axial piston pump based on improved WPD and SSA-KSTTM[J]. IEEE Sensors Journal,2023,23(19):22998-23010.

[157] CHEN B,CHEN X,CHEN F,et al. Integrated early fault diagnosis method based on direct fast iterative filtering decomposition and effective weighted sparseness kurtosis to rolling bearings[J]. Mechanical Systems and Signal Processing,2022,171:108897.

[158] 姚成玉,来博文,陈东宁,等. 基于最小熵解卷积-变分模态分解和优化支持向量机的滚动轴承故障诊断方法[J]. 中国机械工程,2017,28(24):3001-3012.

[159] 陈东宁,张运东,姚成玉,等. 基于 FVMD 多尺度排列熵和 GK 模糊聚类的故障诊断[J]. 机械工程学报,2018,54(14):16-27.

[160] 陈东宁,张运东,姚成玉,等. 基于参数优化 MPE 与 FCM 的滚动轴承故障诊断[J]. 轴承,2017,(5):33-38,44.

[161] AZIZ W,ARIF M. Multiscale permutation entropy of physiological time series[C]//2005 Pakistan Section Multitopic Conference. IEEE,2005:1-6.

[162] LEI Y,HE Z,ZI Y,et al. New clustering algorithm-based fault diagnosis using compensation distance evaluation technique[J]. Mechanical Systems and Signal Processing,2008,22(2):419-435.

[163] 郑近德,程军圣,杨宇. 多尺度排列熵及其在滚动轴承故障诊断中的应用[J]. 中国机械工程,2013,24(19):2641-2645.

[164] 姚成玉,陈东宁. T-S 故障树理论及其应用[M]. 北京:国防工业出版社,2020.

[165] SANDGRENE. Nonlinear integer and discrete programming in mechanical design optimization[J]. Journal of Mechanical Design,1990,112:223-229.

[166] 沃尔. 机械弹簧[M]. 谭惠民,译. 北京:国防工业出版社,1981:329.

[167] GAO B,SHI Y,XU F,et al. An improved aquila optimizer based on search control factor and mutations[J]. Processes,2022,10(8):1451.

[168] GOEL S. Pigeon optimization algorithm:A novel approach for solving optimization problems[C]//2014 International Conference on Data Mining and Intelligent Computing (ICDMIC). IEEE,2014:1-5.

[169] HASHIM F A,MOSTAFA R R,HUSSIEN A G,et al. Fick's law algorithm:a physical law-based algorithm for numerical optimization[J]. Knowledge-Based Systems,2023,260:110146.

[170] PREUVENEERS D, LLIE-Zudor E. The intelligent industry of the future: a survey on emerging trends, research challenges and opportunities in Industry 4.0[J]. Journal of Ambient Intelligence and Smart Environments, 2017, 9(3): 287-298.

[171] JANGRA A, MUKHERJEE S, JATOWT A, et al. A survey on multi-modal summarization[J]. ACM Computing Surveys, 2023, 55(13s): 1-36.

[172] ZHANG X Y, GONG Y J, LIN Y, et al. Dynamic cooperative coevolution for large scale optimization[J]. IEEE Transactions on Evolutionary Computation, 2019, 23(6): 935-948.